高等职业学校"十四五"规划土建类专业立体化新形态教材

建筑消防技术

主　编　叶　巍　刘娜娜　谢龙魁
副主编　余荣升　齐云霞　油　飞
主　审　艾阳斌

U0193902

华中科技大学出版社
中国·武汉

图书在版编目(CIP)数据

建筑消防技术/叶巍,刘娜娜,谢龙魁主编.—武汉:华中科技大学出版社,2021.12(2023.7重印)
ISBN 978-7-5680-7774-3

Ⅰ.①建… Ⅱ.①叶… ②刘… ③谢… Ⅲ.①建筑物-消防 Ⅳ.①TU998.1

中国版本图书馆 CIP 数据核字(2021)第 252980 号

建筑消防技术
Jianzhu Xiaofang Jishu

叶　巍　刘娜娜　谢龙魁　主编

策划编辑:胡天金
责任编辑:陈　忠
责任校对:李　琴
封面设计:金　刚
责任监印:朱　玢
出版发行:华中科技大学出版社(中国·武汉)　　电话:(027)81321913
　　　　　武汉市东湖新技术开发区华工科技园　　邮编:430223
录　　排:华中科技大学惠友文印中心
印　　刷:武汉市籍缘印刷厂
开　　本:787mm×1092mm　1/16
印　　张:13
字　　数:308千字
版　　次:2023 年 7 月第 1 版第 2 次印刷
定　　价:49.80 元

前　言

随着城市建设的迅速发展,高层建筑、生态建筑、地下建筑及大空间建筑等的密集程度和技术复杂程度已今非昔比,而建筑中的安全性问题也日益突出。现实生活中由于在设计中轻视了建筑安全性问题而导致的建筑火灾事故频频发生,造成的人员伤亡和财产损失触目惊心、难以弥补,所以建筑中的安全性问题应引起足够的重视。

本书从系统安全的角度出发,构建了建筑消防系统的完整框架。结合建筑防火设计的思想,分析了建筑火灾发生、发展的基本规律,围绕建筑防火的技术措施,系统地阐述了建筑防火设计、建筑消防系统、建筑防排烟、火灾自动报警系统的相关内容。重点讲述了防火设计、自动喷水灭火系统、气体灭火系统及建筑灭火器等建筑消防设备的类型、组成、工作原理、适用条件、设计计算方法,火灾自动报警系统的智能化控制等一些新型灭火防火系统。

本书注重吸收近年来在建筑消防工程领域的新技术和先进经验,阐述了国内建筑消防设计的最新成果,以国家最新颁布的建筑消防技术规范为依据,用大量的图表和实例对各种系统的设计和相关问题进行了详细的分析和计算,是一部理论与实际紧密结合的实用性教材。本书可作为高等院校给水排水工程专业、建筑智能化、建筑设备等专业的教学用书,也可作为建筑、消防、建筑环境与设备、自动控制工程等专业的参考教材及工程设计、施工、监理及消防行业管理等相关人员的参考用书。

本书由叶巍、刘娜娜、谢龙魁担任主编,余荣升、齐云霞、油飞担任副主编,万豪国际酒店集团杨骏参与编写,艾阳斌主审。由于编者的水平有限,书中的错误和不妥之处在所难免,恳请读者不吝指教,以臻完善。

编　者

2021 年 9 月

目　　录

第1章 绪 论

1.1 建筑消防工程的主要内容

建筑消防工程中的"建筑"是指工业建筑与民用建筑,工业建筑包括厂房、仓库,民用建筑包括公共民用建筑和住宅建筑。工业建筑与民用建筑的消防工程需考虑以下相关问题。

①防火分隔:一般指用防火分隔物对建筑物实施防火分区。防火分隔物是防火分区的边缘构件,有防火墙、耐火楼板、甲级防火门、防火卷帘、防火水幕带、上下楼层之间的窗间墙、封闭和防烟楼梯间等。

②钢结构防火喷涂材料:工业建筑与民用建筑中的钢结构建筑,用防火喷涂材料来保护钢结构,以提高建筑物的耐火能力。目前大、中型发电厂房,石油化工行业中的某些钢结构厂房、库房,民用建筑中大跨度钢结构屋架、高层公共钢结构建筑等,多采用防火喷涂材料保护,它是消防工程施工不可缺少的内容。

③室内装修防火:工业建筑与民用建筑的室内装修材料的耐火性能,都应符合国家现行标准和规范的要求。室内装修材料包括顶棚、墙面、地面、隔断、固定家具、装饰织物等。上述材料均属消防工程范畴,应给予重视,以保障消防安全。

④消防电梯:当工业建筑与民用建筑超过一定高度时,要设置专用或兼用的消防电梯,其功能应符合国家现行标准和规范的要求,其安装业务属消防工程安装范畴。

⑤避难营救设施:根据高层民用建筑的高度、使用性质设置避难营救设施,其种类包括避难层(间)、屋顶直升机停机坪、避难阳台、缓降器、避难桥、避难滑杆、避难袋、逃生面具等。这些设施、设备均属于消防设计、安装、管理范畴。

⑥消火栓灭火系统:按国家现行标准和规范,工业建筑与民用建筑的大多数场所都有设置消火栓的要求,设置面很广泛,作用不可忽视。消火栓灭火系统至今仍是建筑内部最主要、应用最普遍的灭火设施。

⑦自动喷水灭火系统:一些功能齐全、火灾危险大、高度较高的民用建筑中均有设置自动喷水灭火系统的要求,一些火灾危险性大或较大的工业厂房、库房内也有设置自动喷水灭火系统的要求。灭火系统的安装必须保证质量。

⑧水喷雾灭火系统:某些工业建筑,如火力发电厂、大型变电站、液化石油气储罐站

等,以及民用建筑的燃油、燃气锅炉房,自备发电机房,电力变压器室等,均有设置水喷雾灭火系统的要求。

⑨其他灭火系统:包括二氧化碳灭火系统、干粉灭火系统、建筑灭火器等。

⑩通风、空气调节系统:工厂建筑由于生产工艺要求,设置通风系统居多。某些工厂由于洁净度的需要以及一些公共建筑和住宅建筑由于洁净、舒适的需要,设有空气调节系统。

⑪防烟、排烟系统:主要由送风机、排烟机、管道、排烟口、排烟防火阀等构成。一些高层公共建筑和某些高层工业建筑均设有防烟或排烟系统。

⑫消防电源及其配电:按照国家规范要求,工业建筑与民用建筑在供电负荷等级及其消防配电方面,其电源均应满足消防供电的需要。

⑬应急照明和疏散指示标志:按照国家规范要求,某些工业建筑和民用建筑均应装有应急照明和疏散指示标志。

⑭联动控制系统:按照国家规范要求,工业建筑与民用建筑凡设有火灾自动报警系统和自动喷水灭火系统,或设有火灾报警系统和机械防烟、排烟设施的,应设有消防设备控制系统。其控制装置可多可少,一般设有集中报警控制器、室内消火栓系统控制装置、自动喷水灭火系统控制装置、泡沫和干粉灭火系统控制装置、二氧化碳等管网系统的控制装置、电动防火门和防火卷帘控制装置、电梯控制装置、火灾应急照明和疏散指示标志控制装置、应急广播和消防通信控制装置等。

1.2 建筑消防工程的基本特点

建筑消防工程的基本特点如下。

(1)涉及面广

建筑消防工程涉及建筑、结构、给水、气体灭火、通风空调、防排烟、自动报警以及电气等各个方面。

(2)标准高、要求严

不论是建筑防火、消防设备,还是建筑防排烟、火灾自动报警等,均涉及国家和人民生命财产的安全。因此,对各项消防工程的质量必须高标准、严要求。

(3)综合性强

从工程的总体布局、总平面和平面布置到给水、自动灭火、通风空调、防排烟、电气等的设计,都涉及消防工程的内容,而且各类项目大多由几家单位负责,各有关专业和厂家进行设计、施工和安装。因此,需要各部门、各专业之间相互协调和配合。

1.3 建筑消防工程的组织与管理

消防安全工程必须由设计、施工、监督、管理等各部门按照消防工作方针,认真贯彻、从严管理、防患未然、立足自救的原则。

（1）设计

在建筑设计全过程中，应结合各类建筑的功能要求，认真考虑防火安全，严格执行国家颁布的各类建筑设计防火规范，做好防火设计。从方案设计到最后的施工图阶段，都需报审，未经公安消防监督机关审核批准的设计，不得交付施工。

（2）施工

施工单位应严格按照设计图纸对建筑工程的防火构造、技术和消防措施进行施工，不得擅自更改。施工完毕，要进行施工验收，验收合格者，签发合格证，才准许交付使用，否则不得交付使用。

（3）管理

建筑的经营和使用单位，应设置消防安全结构或配置防火专职人员，从事消防设施的管理和维护。另外，还应建立群众性的义务消防组织，定期进行教育训练，贯彻执行消防法规和各项制度，开展防火宣传和防火安全检查，维护保养消防器材，扑灭火灾。

1.4　我国的消防法规和方针

1.4.1　消防法规

按照国家法律体系及消防法规服务对象、法律义务、作用，我国消防法规大体上可分为三类，即消防基本法、消防行政法规、消防技术法规。

1. 消防基本法

《中华人民共和国消防法》（以下简称《消防法》）是我国的消防基本法。《消防法》于1998年经全国人大常务委员会会议通过，并于2008年第一次修订，2019年第二次修订，2021年第三次修订。该法分总则、火灾预防、消防组织、灭火救援、监督检查、法律责任、附则，共七章、七十四条。

2. 消防行政法规

消防行政法规是国务院根据宪法和法律制定和颁布的有关消防行政管理方面的专门性法律规范，规定了消防管理活动的基本原则、程序和方法。如《关于城市消防管理的规定》《仓库防火安全管理规则》《古建筑消防管理规则》等。这些行政法规对于促进消防管理程序化、规范化，协调消防管理机关与社会各方面的关系，推动消防事业发展都起着重要作用。

3. 消防技术法规

消防技术法规是用于调整人与自然、科学、技术之间关系的法规。如《建筑设计防火规范》《城镇燃气设计规范》等。

除了上述三类法规外，各省、自治区、直辖市结合本地区的实际情况，还制定了一些地方性的规定、规则、办法。这些规章和管理措施都为防火监督管理提供了依据。

1.4.2　消防工作方针

我国的消防工作方针为"预防为主、防消结合",也就是将预防和扑救有机地结合起来。在消防工作中,要把火灾预防放在首位,积极贯彻落实各项防火措施,力求防止火灾的发生,同时,还要加强消防队伍的建设。不但要加强专业消防队伍革命化、正规化和现代化的建设,还要抓紧企业、事业单位专职消防队伍和群众义务消防队伍的建设,随时做好灭火的准备,以便在火灾发生时,能够及时、迅速、有效地予以扑灭,最大限度地减少火灾所造成的人身伤亡和财产损失。"防"与"消"相辅相成,缺一不可。"重消轻防"和"重防轻消"都是片面的。"防"与"消"是同一目标下的两种手段,只有全面、正确地理解了它们之间的辩证关系,并且在实践中认真地贯彻落实,才能达到有效地同火灾作斗争的目的。

第2章 建筑火灾与防火

火灾是指在时间和空间上失去控制的燃烧所造成的灾害。建筑火灾是指烧毁（损）建筑物及其容纳物品，造成生命财产损失的灾害。为了避免、减少建筑火灾的发生，必须研究其发生、发展规律，总结火灾教训，进行防火设计，采取防火技术，防患于未然。

2.1 火灾的分类与特征

2.1.1 火灾的分类

火灾可以按燃烧对象、火灾损失严重程度和起火直接原因等进行分类。

1. 按燃烧对象分类

火灾按燃烧对象可分为 A、B、C、D、E、F 六类火灾。

①A 类火灾。A 类火灾是指普通固体可燃物燃烧而引起的火灾。这类火灾燃烧对象的种类极其繁杂，包括木材及木制品、纤维板、胶合板、纸张、棉织品、化学原料及化工产品、建筑材料等。A 类火灾的燃烧过程非常复杂，其燃烧模式一般可分为四类：熔融蒸发式燃烧，如蜡的燃烧；升华式燃烧，如萘的燃烧；热分解式燃烧，如木材、高分子化合物的燃烧；表面燃烧，如木炭、焦炭的燃烧。

②B 类火灾。B 类火灾是指油脂及一切可燃液体燃烧而引起的火灾。油脂包括原油、汽油、煤油、柴油、重油、动植物油等；可燃液体主要有酒精、乙醚等各种有机溶剂。这类火灾的燃烧实质上是液体的蒸气与空气进行燃烧。根据闪点的大小，可燃液体可分为三类：闪点小于 28 ℃的可燃液体为甲类火险物质，如汽油；闪点大于及等于 28 ℃、小于 60 ℃的可燃液体为乙类火险物质，如煤油；闪点大于及等于 60 ℃的可燃液体为丙类火险物质，如柴油、植物油。

③C 类火灾。C 类火灾是指可燃气体燃烧而引起的火灾。按可燃气体与空气混合的时间，可燃气体燃烧分为预混燃烧和扩散燃烧。可燃气体与空气预先混合好后的燃烧称预混燃烧；可燃气体与空气边混合边燃烧称扩散燃烧。根据爆炸下限（可燃气体与空气组成的混合气体遇火源发生爆炸的最低浓度）的大小，可燃气体可分为两类：爆炸下限小于 10%的可燃气体为甲类火险物质，如氢气、乙炔、甲烷等；爆炸下限大于及等于 10%的可

燃气体为乙类火险物质,如一氧化碳、氨气、某些城市煤气。可燃气体绝大多数是甲类火险物质,只有极少数才属于乙类火险物质。

④D类火灾。D类火灾是指可燃金属燃烧而引起的火灾。可燃的金属有锂、钠、钾、钙、锶、镁、铝、钛、锌、锆、钍、铀、铈、钚。这些金属在处于薄片状、颗粒状或熔融状态时很容易着火,而且燃烧产生的热量很大,为普通燃料的5~20倍,火焰温度也很高,有的甚至达到3000 ℃以上。另外,在高温条件下,这些金属能与水、二氧化碳、氮、卤素及含卤化合物发生化学反应,使常用灭火剂失去作用,必须采用特殊的灭火剂灭火。正是因为这些特点,才把由可燃金属燃烧引起的火灾从A类火灾中分离出来,单独作为D类火灾。应该指出,虽然建筑物中钢筋、铝合金在火灾中不会燃烧,但受高温作用后,强度会降低很多。在500 ℃时,钢材抗拉强度降低50%左右,铝合金则几乎失去抗拉强度。这一现象在火灾扑救时应给予足够的重视。

⑤E类火灾。E类火灾是指带电物体和精密仪器等物质燃烧而引起的火灾。扑救E类带电火灾应选用卤代烷型灭火器、二氧化碳灭火器、干粉灭火器、六氟丙烷灭火器。

⑥F类火灾。F类火灾是指烹饪器具内的烹饪物(如动植物油脂)燃烧而引起的火灾。F类火灾用锅盖扑灭或泡沫灭火器扑灭。

2. 按损失严重程度分类

火灾按损失严重程度可分为特大火灾、重大火灾、较大火灾和一般火灾。

①特大火灾。特大火灾是指造成30人以上死亡,或者100人以上重伤(包括急性工业中毒,下同),或者1亿元以上直接经济损失的事故。

②重大火灾。重大火灾是指造成10人以上30人以下死亡,或者50人以上100人以下重伤,或者5000万元以上1亿元以下直接经济损失的事故。

③较大火灾。较大火灾是指造成3人以上10人以下死亡,或者10人以上50人以下重伤,或者1000万元以上5000万元以下直接经济损失的事故。

④一般火灾。一般火灾是指造成3人以下死亡,或者10人以下重伤,或者1000万元以下直接经济损失的事故。

3. 按起火直接原因分类

火灾起火的直接原因可分为放火、违反电气安装安全规定、违反电气使用安全规定、违反安全操作规定、吸烟、生活用火不慎、玩火、自燃、自然灾害、其他。

2.1.2 火灾的特征

1. 放出热量

放热是火灾的重要特征。火灾中可燃物燃烧时要放出燃烧热,其热量以导热传热、对流传热和辐射传热三种方式向未燃物和周围环境传递,使未燃物温度升高,分子活化,反应加速,引起燃烧。正是火灾的放热与传热,使得火灾越烧越严重,也就是人们常说的"火越烧越旺"。

2. 释放有毒气体

除了化学物质发生火灾会产生有毒有害气体外,一般火灾中由于热分解和燃烧反应,也会释放出大量的有毒气体。其中主要有一氧化碳、氰化氢、光气（$COCl_2$）、氮氧化合物、氯化物、二氧化硫、氨。这些有毒气体对人体是极其有害的。如一氧化碳被人体吸入之后会严重阻碍血液携氧及解离能力，造成低氧血症，引起组织缺氧；氰化氢被人体吸入之后会引起细胞内缺氧、窒息。研究结果表明，火灾死亡人员中大多数是因中毒而死的，而一氧化碳是主要的毒性气体。

3. 释放出烟

在火灾中，由于燃烧和热分解作用所产生的悬浮在大气中可见的固体和液体微粒称为烟。烟实际上是可燃物质燃烧后产生的碳粒子和焦油状液滴，在火灾现场，烟还包括房屋、设备、家具倒塌时扬起的灰尘。

火灾中的烟不仅使能见度降低，对受害者造成心理负担，同时也会对呼吸道造成严重的损伤。

2.2　火灾危险性

我国《建筑设计防火规范》（GB 50016—2014）将生产和储存物品火灾危险性划分为甲、乙、丙、丁、戊等五类危险性等级。具体划分见表 2-1 和表 2-2。

表 2-1　生产的火灾危险性分类

生产的火灾危险性类别	使用或产生下列物质的生产的火灾危险性特征
甲	1. 闪点小于 28 ℃的液体； 2. 爆炸下限小于 10%的气体； 3. 常温下能自行分解或在空气中氧化能导致迅速自燃或爆炸的物质； 4. 常温下受到水或空气中水蒸气的作用，能产生可燃气体并引起燃烧爆炸的物质； 5. 遇酸、受热、撞击、摩擦、催化以及遇有机物或硫磺等易燃的无机物，极易引起燃烧或爆炸的强氧化剂； 6. 受撞击、摩擦或与氧化剂、有机物接触时能引起燃烧或爆炸的物质； 7. 在密闭设备内操作温度不小于物质本身自燃点的生产
乙	1. 闪点不小于 28 ℃，但小于 60 ℃的液体； 2. 爆炸下限不小于 10%的气体； 3. 不属于甲类的氧化剂； 4. 不属于甲类的易燃固体； 5. 助燃气体； 6. 能与空气形成爆炸性混合物的浮游状态的粉尘、纤维，闪点不小于 60 ℃的液体雾滴

生产的火灾 危险性类别	使用或产生下列物质的生产的火灾危险性特征
丙	1. 闪点不小于 60 ℃的液体； 2. 可燃固体
丁	1. 对不燃烧物质进行加工，并在高温或熔化状态下经常产生强辐射热、火花或火焰的生产； 2. 利用气体、液体、固体作为燃料或将气体、液体进行燃烧作其他用的各种生产； 3. 常温下使用或加工难燃烧物质的生产
戊	常温下使用或加工不燃烧物质的生产

表 2-2　储存物品的火灾危险性分类

储存物品的 火灾危险性类别	储存物品的火灾危险性特征
甲	1. 闪点小于 28 ℃的液体； 2. 爆炸下限小于 10％的气体,受到水或空气中水蒸气的作用能产生爆炸下限小于 10％气体的固体物质； 3. 常温下能自行分解或在空气中氧化能导致迅速自燃或爆炸的物质； 4. 常温下受到水或空气中水蒸气的作用,能产生可燃气体并引起燃烧爆炸的物质； 5. 遇酸、受热、撞击、摩擦、催化以及遇有机物或硫磺等易燃的无机物,极易引起燃烧或爆炸的强氧化剂； 6. 受撞击、摩擦或与氧化剂、有机物接触时能引起燃烧或爆炸的物质
乙	1. 闪点不小于 28 ℃,但小于 60 ℃的液体； 2. 爆炸下限不小于 10％的气体； 3. 不属于甲类的氧化剂； 4. 不属于甲类的易燃固体； 5. 助燃气体； 6. 常温下与空气接触能缓慢氧化,积热不散而引起自燃的物品
丙	1. 闪点不小于 60 ℃的液体； 2. 可燃固体
丁	难燃烧物品
戊	不燃烧物品

根据闪点、自燃点以及爆炸下限,确定了可燃物质的火灾危险性类别后,才能采取各种针对性的消防安全技术措施。

2.3 火灾的蔓延

2.3.1 火灾的蔓延方式

1. 火焰蔓延

火焰蔓延是指初始燃烧的表面火焰,在使可燃材料燃烧的同时,将火灾蔓延开来。火焰蔓延速度主要取决于火焰传热的速度。

2. 热传导

热传导是指火灾区域燃烧产生的热量,经导热性好的建筑构件或建筑设备传导,能够使火灾蔓延到相邻或上下层房间。例如,薄壁隔墙、楼板、金属管壁等,都可以把火灾区域的燃烧热传导至另一侧的表面,使地板上或靠着隔墙堆积的可燃、易燃物体燃烧,导致火场扩大。应该指出的是,火灾通过传导的方式进行蔓延扩大,有两个比较明显的特点:其一是必须具有导热性好的媒介,如金属构件、薄壁构件或金属设备等;其二是蔓延的距离较近,一般只能是相邻的建筑空间。可见,传导蔓延扩大的火灾,其范围是有限的。

3. 热对流

热对流是建筑物内火灾蔓延的一种主要方式。它可以使火灾区域的高温燃烧产物与火灾区域外的冷空气发生强烈流动,将高温燃烧产物流传到较远处,造成火势扩大。燃烧时烟气热而轻,易上蹿升腾,燃烧又需要空气,这时,冷空气就会补充,形成对流。轰燃后,火灾可能从起火房间烧毁门窗,蹿向室外或走廊,在更大范围内进行热对流,从水平和垂直方向蔓延,如遇可燃物及风力,就会更加助长这种燃烧,对流则会更猛烈。在火场上,浓烟流窜的方向往往就是火势蔓延的方向。剧场热对流造成火势蔓延的示意图如图 2-1 所示。

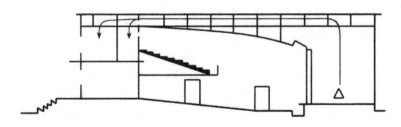

图 2-1 剧场火势蔓延示意图

△——起火点；→——火势蔓延方向

4. 热辐射

热辐射是相邻建筑之间火灾蔓延的主要方式之一。建筑防火中的防火间距,主要是考虑防止火焰辐射引起相邻建筑着火而设置的间隔距离。

2.3.2　火灾的蔓延途径

建筑物内某房间发生火灾,当发展到轰燃之后,火势猛烈,就会突破房间的限制,向其他空间蔓延,其蔓延途径有:未设适当的防火分区,使火灾在未受限制的条件下蔓延;防火隔墙和房间隔墙未砌到顶板底皮,导致火灾在吊顶空间内部蔓延;由可燃的户门及可燃隔墙向其他空间蔓延;电梯井竖向蔓延;非防火、防烟楼梯间及其他竖井未作有效防火分隔而形成竖向蔓延;外窗口形成的竖向蔓延;通风管道及其周围缝隙造成火灾蔓延;等等。

1. 火灾在水平方向的蔓延

（1）未设防火分区

对于主体为耐火结构的建筑来说,造成火灾水平蔓延的主要原因之一是建筑物内未设水平防火分区,没有防火墙及相应的防火门等形成控制火灾的区域。例如,某医院大楼,每层建筑面积为 2700 m^2,未设防火墙分隔,也无其他的防火措施,三楼着火,将该楼层全部烧毁,由于楼板是钢筋混凝土板,火灾才未向其他层蔓延。又如,东京新日本饭店,由于未设防火分隔,大火烧毁了第九层、第十层,面积达 4360 m^2,死亡 32 人,受伤 34 人,失踪 30 多人。再如,美国内华达州拉斯维加斯市的米高梅旅馆发生火灾,由于未采取严格的防火分隔措施,甚至对 4600 m^2 的大赌场也未采取任何防火分隔措施和挡烟措施,大火烧毁了大赌场及许多公共用房,造成 84 人死亡、679 人受伤的严重后果。

（2）洞口分隔不完善

对于耐火建筑来说,火灾横向蔓延的另一途径是洞口处的分隔处理不完善。如,户门为可燃的木质门,火灾时被烧穿;普通的金属防火卷帘无水幕保护,导致卷帘被熔化;管道穿孔处未用不燃材料密封等,都能使火灾从一侧向另一侧蔓延。

在穿越防火分区的洞口上,一般都装设防火卷帘或防火门,而且大多数采用自动关闭装置。然而,发生火灾时能够自动关闭的比较少。另外,在建筑物正常使用的情况下,防火门是开着的,一旦发生火灾,不能及时关闭也会造成火灾蔓延。

此外,防火卷帘和防火门受热后变形很大,一般凸向加热一侧。防火卷帘在火焰的作用下,其背火面的温度很高,如果无水幕保护,其背火面将会产生强烈的热辐射。在背火面靠近卷帘堆放的可燃物,或卷帘与可燃构件、可燃装修材料接触时,就会导致火灾蔓延。

（3）火灾在吊顶内部空间蔓延

目前,有些框架结构的高层建筑,竣工时只是一个大的通间,出售或出租给用户后,由用户自行分隔、装修。有不少装设吊顶的高层建筑,房间与房间、房间与走廊之间的分隔墙只做到吊顶底部,吊顶上部仍为连通空间,一旦起火极易在吊顶内部蔓延,且难以及时发现,导致灾情扩大;如果没有设吊顶,隔墙不砌到结构底部,留有孔洞或连通空间,也会成为火灾蔓延和烟气扩散的途径。

（4）火灾通过可燃的隔墙、吊顶、地毯等蔓延

可燃构件与装饰物在火灾时直接成为火灾荷载,由于它们的燃烧而导致火灾扩大的例子很多。如巴西圣保罗市安得拉斯大楼,隔墙采用木板和其他可燃板材,吊顶、地毯、办公家具和陈设等均为可燃材料。1972 年 2 月 4 日该大楼发生了火灾,可燃材料成为燃烧、蔓延的主要途径,造成 16 人死亡,326 人受伤,经济损失达 200 万美元。

2. 火灾通过竖井蔓延

建筑物内部有大量的电梯、楼梯、设备井、垃圾道等竖井，这些竖井往往贯穿整个建筑，若未作周密完善的防火设计，一旦发生火灾，就可以蔓延到建筑物的任意一层。

此外，建筑物中一些不引人注意的孔洞，有时会造成整座大楼的恶性火灾。尤其是在现代建筑中，吊顶与楼板之间、幕墙与分隔构件之间的空隙、保温夹层、通风管道等都有可能因施工留下孔洞，而且有的孔洞水平方向与竖直方向互相连通，用户往往不知道这些孔洞的存在，更不会采取防火措施，所以，火灾时就会造成生命财产的损失。

（1）火灾通过楼梯间蔓延

高层建筑的楼梯间，若在设计阶段未按防火、防烟要求设计，则在火灾时犹如烟囱一般，烟火很快会由此向上蔓延。如巴西里约热内卢市卡萨大楼，31 层，设有两座开敞楼梯和一座封闭楼梯。1974 年 1 月 15 日，大楼第一层着火，大火通过开敞楼梯间一直蔓延到十八层，造成第三层至第五层、第十六层至第十七层室内装修基本烧毁，经济损失很大。有些高层建筑的楼梯间虽是封闭的，但起封闭作用的门未用防火门，发生火灾后，不能有效地阻止烟火进入楼梯间，以致形成火灾蔓延通道，甚至造成重大的火灾事故。如美国纽约市韦斯特克办公大楼，共 42 层，只设了普通的封闭楼梯间。1980 年 6 月 23 日发生火灾，大火烧毁第十七层至第二十五层的装修、家具等，137 人受伤，经济损失达 1500 万美元。又如西班牙的罗那阿罗肯旅馆，地上 11 层，地下 3 层，设置了封闭楼梯和开敞电梯。1979 年 9 月 12 日发生火灾，烟火通过未关闭的楼梯和开敞的电梯厅，从底层迅速蔓延到顶层，造成 85 人死亡，经济损失惨重。

（2）火灾通过电梯井蔓延

电梯间未设防烟前室及防火门分隔，将会形成一座竖向烟囱。如前述美国米高梅旅馆，1980 年 11 月 21 日"戴丽"餐厅失火，由于大楼的电梯井、楼梯间没有设置防烟前室，各种竖向管井和缝隙没有采用分隔措施，使烟火通过电梯井等竖向管井迅速向上蔓延，在很短时间内，浓烟笼罩了整个大楼，并蹿出大楼高达 150 m。

在现代商业大厦及交通枢纽、航空港等人流集散量大的建筑物内，一般以自动扶梯代替电梯。自动扶梯所形成的竖向连通空间也是火灾蔓延的途径，设计时必须予以高度重视。

（3）火灾通过其他竖井蔓延

高层建筑中的通风竖井、管道井、电缆井、垃圾井也是高层建筑火灾蔓延的主要途径。如前述美国韦斯特克办公大楼，火灾烧穿了通风竖井的检查门（普通门），烟火经通风竖井和其他管道的检查门蔓延到第二十二层，而后又向下蹿到第十七层，使第十七层至第二十二层陷入烈火浓烟中，损失惨重。

此外，垃圾道是容易着火的部位，是火灾中火势蔓延的竖向通道。防火意识淡薄者，习惯将未熄灭的烟头扔进垃圾井，引燃可燃垃圾，导致火灾在垃圾井内阴燃、扩大、蔓延。

3. 火灾通过空调系统管道蔓延

高层建筑空调系统，未按规定设防火阀，采用可燃材料的风管或可燃材料作保温层，火灾时会造成严重损失。如杭州某宾馆，空调管道用可燃保温材料，在送、回风总管和垂直风管与每层水平风管交接处的水平支管上均未设置防火阀，因气焊烧着风管可燃保温层引起火灾,烟火顺着风管和竖向孔隙迅速蔓延,从一层烧到顶层,整个大楼成了烟火笼,楼内装修、空调设备和家具等统统化为灰烬,造成巨大损失。

通风管道蔓延火灾一般有两种方式,即通风道内起火并向连通的空间(房间、吊顶内部、机房等)蔓延;或者通风管道把起火房间的烟火送到其他空间。通风管道不仅很容易把火灾蔓延到其他空间,更危险的是它可以吸进火灾房间的烟气,在远离火场的其他空间再喷吐出来,造成大批人员因烟气中毒而死亡。如1972年5月,日本大阪千日百货大楼,三层发生火灾,空调管道从火灾层吸入烟气,在七层的酒吧间喷出,使烟气很快笼罩了酒吧大厅,引起在场人员的混乱,加之缺乏疏散引导,导致118人丧生。

因此,在通风管道穿越防火分区之处,一定要设置具有自动关闭功能的防火阀门。

4. 火灾由窗口向上层蔓延

在现代建筑中,从起火房间窗口喷出的烟气和火焰,往往沿窗间墙及上层窗口向上蹿,烧毁上层窗户,引燃房间内的可燃物,使火灾蔓延到上部楼层。若建筑物采用带形窗,火灾房间喷出的火焰被吸附在建筑物表面,有时甚至会吸入上层窗户内部。

2.4 灭火方法及措施

2.4.1 灭火方法及原理

灭火的关键就是破坏维持燃烧所需的条件,使燃烧不能继续进行。灭火方法可归纳成冷却、窒息、隔离和化学抑制四种。前三种灭火方法是通过物理过程进行灭火,后一种方法是通过化学过程灭火。不论采用哪种方法灭火,火灾的扑救都是通过上述四种作用的一种或综合作用实现的。

1. 冷却法灭火

可燃物燃烧的条件(因素)之一,是在火焰和热的作用下达到燃点,裂解、蒸馏或蒸发出可燃气体,使燃烧得以持续。冷却法灭火就是采用冷却措施使可燃物达不到燃点,也不能裂解、蒸馏或蒸发出可燃气体,使燃烧终止。如可燃固体冷却到自燃点以下,火焰就将熄灭;可燃液体冷却到闪点以下,并隔绝外来的热源,就不能挥发出足以维持燃烧的气体,火灾就会被扑灭。

水具有较大的热容量和很高的汽化潜热,是冷却性能最好的灭火剂,如果采用雾状水流灭火,冷却灭火效果更为显著。

建筑水消防设备不仅投资少、操作方便、灭火效果好、管理费用低,且冷却性能好,是冷却法灭火的主要灭火设施。

2. 窒息法灭火

窒息法灭火就是采取措施降低火灾现场空间内氧的浓度,使燃烧因缺少氧气而停止。窒息法灭火常采用的灭火剂一般有二氧化碳、氮气、水蒸气以及烟雾剂等。在条件许可的情况下,也可用水淹窒息法灭火。

重要的计算机房、贵重设备间可设置二氧化碳灭火设备扑救初期火灾,高温设备间可设置蒸汽灭火设备,重油储罐可采用烟雾灭火设备,石油化工等易燃易爆设备可采用氮气保护,以便及时控制或扑灭初期火灾,减少损失。

3. 隔离法灭火

隔离法灭火就是采取措施将可燃物与火焰、氧气隔离开来,使火灾现场没有可燃物,燃烧无法维持,火灾也就被扑灭。

石油化工装置及其输送管道(特别是气体管路)发生火灾,关闭易燃、可燃液体的来源,将易燃、可燃液体或气体与火焰隔开,残余易燃、可燃液体(或气体)烧尽后,火灾就被扑灭火。电机房的油槽(或油罐)可设一般泡沫固定灭火设备;汽车库、压缩机房可设泡沫喷洒灭火设备;易燃、可燃液体储罐除可设固定泡沫灭火设备外,还可设置倒罐转输设备;气体储罐除可设倒罐转输设备外,还可设放空火炬设备;易燃、可燃液体和可燃气体装置,可设消防控制阀门等。一旦这些设备发生火灾事故,可采用相应的隔离法灭火。

4. 化学抑制法灭火

化学抑制法灭火就是采用化学措施有效地抑制游离基的产生或者降低游离基的浓度,破坏游离基的连锁反应,使燃烧停止。如采用卤代烷(1301、1211)灭火剂灭火,就是降低游离基浓度的灭火方法。

化学抑制法灭火对于有焰燃烧火灾效果好,但对深位火灾,由于渗透性较差,灭火效果不理想,在条件许可的情况下,应与水、泡沫等灭火剂联用,会取得满意的效果。

卤代烷灭火剂可以抑制易燃和可燃液体火灾(汽油、煤油、柴油、醇类、酮类、酯类、苯以及其他有机溶剂等),电气设备(发电机、变压器、旋转设备以及电子设备)、可燃气体(甲烷、乙烷、丙烷、城市煤气等)、可燃固体物质(纸张、木材、织物等)的表面火灾。

由于卤代烷对大气臭氧层具有破坏作用,应尽量限定特殊场所采用。国内外正在研究与卤代烷灭火效果相似或可以替代卤代烷的灭火剂,有可能替代卤代烷的灭火剂有FE-232、FE-25、CGE410、CEA614、HFC-23、HFC-227、氟碘烃等。

干粉灭火剂的化学抑制作用也很好,且近年来不少类型干粉可与泡沫联用,灭火效果很显著。凡是卤代烷能抑制的火灾,干粉均能达到同样的效果,但干粉灭火的不足之处是有污染。

化学抑制法灭火,灭火速度快,使用得当可有效地扑灭初期火灾,减少人员和财产的损失。

2.4.2　主要灭火设施

建筑消防系统常用设施包括灭火器,消火栓灭火系统,自动喷水灭火系统及其他灭火系统。

1. 灭火器

灭火器主要有四种类型:泡沫灭火器、干粉灭火器、二氧化碳灭火器、1211灭火器。

泡沫灭火器:是一种新型高效灭火器,适用于扑灭固体类、油类,特别是石油制品的初期火灾。

干粉灭火器:主要由碳酸氢钠、硝酸钾、云母粉等组成。适用于扑救油类、石油产品、有机溶剂、可燃气体和电气设备的初期火灾。

二氧化碳灭火器：适用于扑救面积不大的珍贵设备、档案资料、仪器仪表、六百伏以下电器及油脂火灾。

1211灭火器（卤代烷）：主要用于扑救油类、电器、仪表、图书、档案等贵重物品的初期火灾。

2. 消火栓灭火系统

采用消火栓灭火是最常用的移动式灭火方式，它由蓄水池、加压送水装置（水泵）及室内消火栓等主要设备构成。室内消火栓系统由水枪、水龙带、消火栓、消防管道等组成。常用的加压设备有两种：消防水泵和气压给水装置。采用消防水泵时，在每个消火栓内设置消防按钮，灭火时用小锤击碎按钮上的玻璃小窗，按钮不受压而复位，从而通过控制电路启动消防水泵。采用气压给水装置时，可采用电接点压力表，通过测量供水压力来控制水泵的启动。

3. 自动喷水灭火系统

自动喷水灭火系统是公认的最为有效的灭火系统，适用于各类民用建筑与工业建筑。但对某些与水会发生剧烈反应的物品堆积地不适用。

4. 其他灭火系统

其他灭火系统主要包括气体灭火系统、固定消防炮灭火系统、大空间智能型主动灭火系统以及注氮控氧灭火系统。

其他灭火系统

2.5 建 筑 防 火

2.5.1 建筑防火的基本概念

1. 火灾荷载

建筑物内的可燃物种类很多，其燃烧发热量也因材而异。为了便于火灾研究和采取防火措施，在实际中常根据燃烧热值把某种材料换算成等效发热量的木材，用等效木材的重量表示可燃物的数量，称为等效可燃物量。把火灾范围内单位地板面积的等效可燃物木材的数量称为火灾荷载。

火灾荷载是衡量建筑物室内所容纳可燃物数量的一个参数，在建筑物发生火灾时，火灾荷载直接决定火灾持续时间的长短和室内温度的变化情况。所以，在进行建筑防火设计时，应合理确定火灾荷载的数值。

2. 耐火极限

耐火极限指对任一建筑构件按时间-温度标准曲线进行耐火试验，从受到火的作用时起，到失去支持能力或完整性被破坏或失去隔火作用时为止的这段时间，用小时表示。

3. 材料的燃烧性能

建筑材料一般可分为不燃烧体、难燃烧体和燃烧体三种。

不燃烧体是指用不燃烧材料做成的建筑构件。不燃烧材料是指在空气中受到火烧或高温作用时不起火、不燃烧、不碳化的材料,如建筑中采用的金属材料和天然或人工的无机矿物材料。

难燃烧体是指用难燃烧材料做成的建筑构件或用燃烧材料做成而用不燃烧材料做保护层的建筑构件。难燃烧材料指在空气中受到火烧或高温作用时难起火、难微燃、难碳化,当火源移走后,燃烧或微燃立即停止的材料,如沥青混凝土、经过防火处理的木材、用有机物填充的混凝土和水泥刨花板等。

燃烧体是指用燃烧材料做成的建筑构件。燃烧材料指在空气中受到火烧或高温作用时立即起火或燃烧,且火源移走后仍继续燃烧或微燃的材料,如木材等。

需要说明的是,建筑构件的耐火极限与材料的燃烧性能是截然不同的两个概念。材料不燃或难燃,并不等于其耐火极限就高。如钢材是不燃性的,可在没有被保护时,它仅有 15 min 的耐火极限。所以,在使用构件时,不仅要看材料的燃烧性能,还要看其耐火极限。

2.5.2　建筑火灾严重性的影响因素

建筑火灾严重性是指在建筑中发生火灾的大小及危害程度。火灾严重性取决于火灾达到的最大温度和最大温度燃烧持续的时间。它表明了火灾对建筑结构或建筑物造成损坏和对建筑中人员、财产造成危害的趋势。了解影响建筑火灾严重性的因素和有关控制建筑火灾严重性的机理,对建立适当的建筑设计和构造方法,采取必要的防火措施,达到减少和限制火灾的损失和危害是十分重要的。

影响火灾严重性的因素大致有以下六个方面。

1. 可燃材料的燃烧性能

可燃材料的材质不同,其燃烧释放的热量和燃烧速率等燃烧性能也不同,可燃材料的燃烧性能还与可燃材料的燃烧热值有关。

2. 可燃材料的数量(火灾荷载)

火灾荷载越大,火灾持续时间越长,室内温度上升越高,造成的破坏和损失越大。

3. 可燃材料的分布

可燃材料的分布对火势的蔓延起着很大作用,如分开布置可燃材料,并使其相互之间有一定的间隔,可燃物品设置的高度低,材料或物品比较厚实等可以阻隔火势的蔓延;在一定量的空气中,控制材料燃烧率的一个重要因素就是表面积与体积之比(即比表面积),其值越大,表明燃烧速度越快。

4. 房间开口的面积和形状

火灾大致分为受通风控制的火灾和受燃料控制的火灾两种。试验表明:一般建筑火灾受房间开口的影响较大,燃烧性能取决于开口的通风状况,即 $A_w \sqrt{H}$ 值(其中,A_w 表示房间通风开口面积,m^2;H 表示房间通风开口高度,m)。

5. 着火房间的大小和形状

房间面积越大,可能火灾荷载越大,火灾越严重;房间进深越大,火灾越严重。因此,从防火的角度考虑,应尽可能地减小房间的尺寸和高度,但在设计中应同时满足建筑的有效使用面积。

6. 着火房间的热性能

火灾严重性取决于房间中达到的最高温度和达到最高温度的速度。这与建筑材料的热导率 λ、密度 ρ 和比热容 c 有关,对于给定的热量,房间内表面温度的上升与 λ、ρ、c 成反比,而 λ、ρ、c 称为材料的热惰性。在实际的建筑设计中,既要考虑减少不利的火灾条件,增大 λ 值、ρ 值、c 值,又要考虑建筑的保温节能功能和使结构背火面的温度降低,即减小 λ 值、ρ 值、c 值。这一矛盾可通过一些结构构造方法来加以处理,如在内墙面采用热导率大的石膏板,墙中间填充保温隔热层的复合结构等。

总之,前三个因素主要与建筑中的可燃材料有关,而后三个因素主要涉及建筑的布局。减小火灾严重性的条件就是要限制有助于火灾发生、发展和蔓延成大火的因素,根据各种影响因素合理地选用材料、布局和结构设计及构造措施,达到限制危害程度高的火灾发生的目的。建筑发生火灾时,控制火灾严重性的因素除可燃材料的数量和燃烧性能之外,还包括空气的供给量和热损失。

明确影响室内火灾严重性各因素之间的关系,有助于以后防火、灭火策略的制定。

一旦某个房间失火,火灾发展和蔓延的过程取决于火灾荷载的大小、材料的体积、分布状况及其连续性、孔隙度和燃烧性能;着火房间的通风状况;着火房间的几何形状和尺寸,以及着火房间的热性能。

2.5.3 建筑设计防火措施

建筑设计防火措施概括起来有以下四个方面:
①建筑防火;
②消防给水、灭火系统;
③采暖、通风和空调系统防火、防排烟系统;
④电气防火、火灾自动报警控制系统等。

1. 建筑防火

建筑防火的主要内容有以下几个方面。

①总平面防火:要求在总平面设计中,应根据建筑物的使用性质、火灾危险性、地形、地势和风向等因素,进行合理布局,尽量避免建筑物相互之间构成火灾威胁和发生火灾爆炸后可能造成的严重后果,并为消防车顺利扑救火灾提供条件。

②建筑物耐火等级:要求建筑物在火灾高温的持续作用下,墙、柱、梁、楼板、吊顶等基本建筑构件,能在一定的时间内不被破坏,不传播火灾,从而起到延缓和阻止火灾蔓延,为人员疏散、抢救物资和扑救火灾以及为火灾后结构修复创造条件。

③防火分区和防火分隔:在建筑物中采用耐火性能较好的分隔构件将建筑空间分隔成若干区域,防止火灾扩大蔓延。

④防烟分区:可用挡烟构件(如挡烟墙、挡烟垂壁、隔墙等)划分防烟分区,将烟气控制在一定范围内,以便用排烟设施将烟气排出,便于人员安全疏散和消防扑救。

⑤安全疏散:为保证建筑物内人员安全疏散和尽快撤离火灾现场,要求建筑物应有完善的安全疏散设施,为安全疏散创造良好条件。

⑥其他建筑防火措施:包括室内装修防火和工业建筑防爆。

a.室内装修防火。应根据建筑物性质、规模,对建筑物的不同装修部位,采用燃烧性能符合要求的装修材料。

b.工业建筑防爆。对于有爆炸危险的工业建筑,主要可从建筑平面与空间布置、建筑构造和建筑设施方面采用防火防爆措施。

2. 消防给水、灭火系统

消防给水、灭火系统设计的主要内容包括:室外消防给水系统、室内消防给水系统、自动喷水灭火系统、水喷雾消防系统、气体灭火系统、灭火器的配置等。要求根据建筑的性质、使用功能、火灾危险性以及具体情况,合理设置上述各种系统,合理选用系统的设备、配件等。

3. 采暖、通风和空调系统防火、防排烟系统

采暖、通风和空调系统防火设计应按规范要求选择设备的类型,布置好各种设备和配件,做好防火构造处理等。在进行防排烟系统设计时,要根据建筑物性质、使用功能、规模等确定好设置范围,合理采用防排烟方式,划分防烟分区,合理选用设备类型等。

4. 电气防火、火灾自动报警控制系统

应根据建筑物的性质合理确定消防供电级别,做好消防电源、配电线路、设备的防火设计,做好火灾事故照明和疏散指示标志设计,采用先进可靠的火灾报警控制系统。

2.5.4 建筑防火对策

防火对策可分为两类。

一类是积极防火对策,即采用预防失火、早期发现、初期灭火等措施,具体包括:加强用火、用电管理,减少可燃物的数量,以有效控制发生燃烧的条件;加强值班巡视,安装火灾自动报警探测设备等,做到早期发现火灾;随时做好扑救初期火灾的准备,安装自动喷水灭火系统、室内消火栓等灭火系统以及配置足够数量的灭火器等。以这类防火对策为重点进行防火,可以减少火灾发生的次数,但不能排除遭受重大火灾的可能性。

另一类是被动防火对策,即起火后尽量限制火势和烟气的蔓延,利用耐火构件等设计防火分区,以达到控制火灾的目的。具体措施包括:有效地进行防火分区(如采用耐火构造、防火门、防火卷帘),安装防排烟设施,设置安全疏散楼梯、消防电梯等。以被动防火对策为重点进行防火,虽然会发生火灾,却可以减少发生重大火灾的概率。

根据我国"预防为主,防消结合"的消防工作方针,防火工作应以积极防火对策为主,由此从根本上减少火灾数量,同时要重视采用被动防火对策,以达到控制火灾损失的目的。

思 考 题

1. 火灾发生的常见原因有哪些?

2. 如何理解燃烧的条件?

3. 建筑火灾的蔓延途径有哪些?

4. 灭火的基本方法有哪些?

5. 建筑设计防火措施有哪些?

第3章 建筑防火设计

建筑防火是为防止建筑物发生火灾和失火后能及时有效地灭火，达到减少火灾损失，保护生命财产安全，对建筑物所采取的各种安全技术措施，如提高建筑物耐火等级、合理布局、防火分隔、安全疏散、防排烟；设置消防给水系统、自动报警系统、自动灭火系统等。

3.1 建筑分类及危险等级

3.1.1 建筑分类

《建筑设计防火规范》(GB 50016—2014)按照建筑物性质和建筑高度对建筑进行了分类，具体见表3-1。

表 3-1 建筑分类

建筑分类			特　征
按建筑高度区分	多层建筑		建筑高度不大于27 m的住宅建筑和其他建筑高度不大于24 m的非单层建筑
	高层建筑		建筑高度大于27 m的住宅建筑和其他建筑高度大于24 m的非单层建筑
按建筑性质区分	民用建筑	住宅建筑	以户为单元的居住建筑
		公共建筑	公众进行工作、学习、商业、治疗等活动和交往的建筑
	工业建筑	厂房	加工和生产产品的建筑
		库房	储存原料、半成品、成品、燃料、工具等物品的建筑

民用建筑根据其建筑高度和层数可分为单层、多层民用建筑和高层民用建筑。高层建筑是指建筑高度大于27 m的住宅建筑和其他建筑高度大于24 m的非单层建筑。高层

民用建筑按其建筑高度、使用功能和楼层的建筑面积可分为一类和二类,详见表 3-2。

表 3-2　高层建筑分类

名　称	高层民用建筑		单、多层民用建筑
	一类	二类	
住宅建筑	建筑高度大于 54 m 的住宅建筑(包括设置商业服务网点的住宅建筑)	建筑高度大于 27 m,但不大于 54 m 的住宅建筑(包括设置商业服务网点的住宅建筑)	建筑高度大于 27 m 的住宅建筑(包括设置商业服务网点的住宅建筑)
公共建筑	(1) 建筑高度大于 50 m 公共建筑 (2) 任一楼层建筑面积大于 1000 m² 的商店、展览、电信、邮政、财贸金融建筑和其他多种功能组合的建筑 (3) 医疗建筑、重要公共建筑 (4) 省级以上的广播电视和防灾指挥调度建筑、网局级和省级电力调度建筑 (5) 藏书超过 100 万册的图书馆、书库	除一类高层公共建筑外的其他高层公共建筑	(1) 建筑高度大于 24 m 的单层公共建筑 (2) 建筑高度不大于 24 m 的其他公共建筑

注:1. 表中未列入的建筑,其类别应根据本表类比确定。

2. 除《建筑设计防火规范》(GB 50016—2014)另有规定外,宿舍、公寓等非住宅类居住建筑的防火要求,应符合该规范有关公共建筑的规定;裙房的防火要求应符合该规范有关高层民用建筑的规定。

工业建筑可以分为厂房和仓库。按建筑高度可分为单层建筑、多层建筑、高层建筑及地下或半地下建筑。

3.1.2　危险等级划分

建筑物、构筑物危险等级主要根据火灾危险性大小、可燃物数量、单位时间内放出的热量、火灾蔓延速度以及扑救难易程度等因素进行划分。

储存物品仓库的火灾危险性根据储存物品的性质和储存物品中的可燃物数量等因素,可划分为甲、乙、丙、丁、戊 5 个类别,甲类危险性最高,戊类危险性最低,具体见表 2-2。

生产厂房根据生产中使用或产生的物质性质及其数量等因素,把生产和储存物品的火灾危险性划分为甲、乙、丙、丁、戊 5 个类别,甲类危险性最高,戊类危险性最低。使用时应注意分析对比储存物品仓库与生产厂房的火灾危险性特征的异同。

自动喷水灭火系统设置场所、民用建筑灭火器配置场所火灾危险等级的划分详见本书第 4 章的相关内容。

3.2 建筑耐火等级

3.2.1 建筑耐火等级的划分

耐火等级是衡量建筑物耐火程度的分级标准。火灾实例说明,耐火等级高的建筑物,发生火灾的次数少,火灾时被火烧坏、倒塌的少;耐火等级低的建筑物,发生火灾的概率大,火灾发生时容易被烧坏,造成局部或整体倒塌,损失大。划分建筑物耐火等级的目的在于根据建筑物不同用途提出不同的耐火等级要求,做到既有利于消防安全,又节约基本建设投资。

建筑耐火等级
的划分

建筑物耐火等级是由组成建筑物的墙、柱、梁、楼板、屋顶承重构件和吊顶等主要建筑构件的燃烧性能和耐火极限决定的。按照我国建筑设计、施工及建筑结构的实际情况,并参考国外划分耐火等级的经验,将普通建筑的耐火等级划分为四级,其中一级耐火等级最高,四级耐火等级最低。

民用建筑的耐火等级应根据其建筑高度、使用功能、重要性和火灾扑救难度等确定,并应符合下列规定:

①地下和半地下建筑(室)及一类高层建筑的耐火等级不应低于一级;

②单、多层重要公共建筑和二类高层建筑的耐火等级不应低于二级。

建筑高度大于 100 m 的民用建筑,其楼板的耐火极限不应低于 2.0 h。一、二级耐火等级建筑的上人平屋顶,其屋面板的耐火极限分别不应低于 1.50 h 和 1.0 h。

一、二级耐火等级建筑的屋面板应采用不燃材料,但屋面防水层可采用可燃材料。

二级耐火等级建筑内采用难燃性墙体的房间隔墙,其耐火极限不应低于0.75 h;当房间的建筑面积不大于 100 m² 时,房间隔墙可采用耐火极限不低于 0.50 h 的难燃性墙体或耐火极限不低于 0.30 h 的不燃性墙体。

二级耐火等级多层住宅建筑采用预应力钢筋混凝土的楼板,其耐火极限不应低于0.75 h。

二级耐火等级建筑内采用不燃材料的吊顶,其耐火极限不限。

三级耐火等级的医疗建筑、中小学校的教学建筑、老年人建筑及托儿所的儿童用房和儿童游乐厅等儿童活动场所的吊顶,应采用不燃材料;当采用难燃材料时,其耐火极限不应低于 0.25 h。当房间的建筑面积不大于 100 m² 时,房间隔墙可采用耐火极限不低于0.50 h 的难燃性墙体或耐火极限不低于 0.30 h 的不燃性墙体。

二、三级耐火等级建筑内门厅、走道的吊顶应采用不燃材料。

建筑内预制钢筋混凝土构件的节点外露部位,应采取防火保护措施,且节点的耐火极限不应低于相应构件的耐火极限。

表 3-3 为民用建筑构件的耐火等级、燃烧性能和耐火极限。

表 3-3　民用建筑构件的耐火等级、燃烧性能和耐火极限(h)

构件名称	耐火等级			
	一级	二级	三级	四级
防火墙	不燃性 3.00	不燃性 3.00	不燃性 3.00	不燃性 3.00
承重墙	不燃性 3.00	不燃性 2.50	不燃性 2.00	难燃性 0.50
楼梯间、电梯井、住宅单元之间、住宅分户的墙	不燃性 2.00	不燃性 2.00	不燃性 1.50	难燃性 0.50
非承重外墙	不燃性 1.00	不燃性 1.00	不燃性 0.50	可燃性
疏散走道两侧的隔墙	不燃性 1.00	不燃性 1.00	不燃性 0.50	难燃性 0.25
房间隔墙	不燃性 0.75	不燃性 0.50	难燃性 0.50	难燃性 0.25
柱	不燃性 3.00	不燃性 2.50	难燃性 2.00	难燃性 0.50
梁	不燃性 2.00	不燃性 1.50	不燃性 1.00	难燃性 0.50
楼板	不燃性 1.50	不燃性 1.00	不燃性 0.50	可燃性
屋顶承重构件	不燃性 1.50	不燃性 1.00	不燃性 0.50	可燃性
疏散楼梯	不燃性 1.50	不燃性 1.00	不燃性 0.50	可燃性
吊顶(包括吊顶搁栅)	不燃性 0.25	难燃性 0.25	难燃性 0.15	可燃性

3.2.2　部分建筑材料的耐火极限

耐火极限是在标准耐火试验条件下,建筑构件、配件或结构从受到火的作用时起,到失去承载能力、完整性或绝热性止所用的时间,用小时表示。

失去承载能力:构件在试验过程中失去支持能力或抗变形能力。如墙发生垮塌,梁板

变形大于 $L/20$（L 为试件计算跨度），柱发生垮塌或轴向变形大于 $h/100$（mm）或轴向压缩变形速度超过 $3h/1000$（mm/min）。

失去完整性：构件出现穿透性裂缝或穿火的孔隙。适用于分隔构件，如楼板、隔墙等。

失去绝热性：试件背火面测温点平均温升达 140 ℃；试件背火面任一测温点温升达 180 ℃。适用于分隔构件，如墙、楼板等。

建筑构件耐火极限有如下三个判定条件，实际应用时要具体问题具体分析。

①分隔构件（隔墙、吊顶、门窗）：失去完整性或绝热性。

②承重构件（梁、柱、屋架）：失去承载能力。

③承重分隔构件（承重墙、楼板）：失去承载能力或完整性或绝热性。

《建筑设计防火规范》（GB 50016—2014）列出了各类建筑构件的耐火极限。表 3-4 为常用墙体的耐火极限。

表 3-4　常用墙体的耐火极限

构 件 名 称		构件厚度或截面最小尺寸/mm	耐火极限/h
普通黏土砖墙、混凝土、钢筋混凝土实体墙（承重墙）		120	2.5
		180	3.5
		240	5.5
		370	10.5
普通黏土砖墙（非承重墙）	不包括双面抹灰	60	1.5
		120	3.0
	包括双面抹灰（15 mm 厚）	150	4.5
		180	5.0
		240	8.0

3.2.3　建筑耐火等级的选定

确定建筑物耐火等级的目的是使不同用途的建筑物具有与之相适应的耐火安全储备，这样既有利于安全，又节省投资。

1. 选定耐火等级应考虑的因素

（1）建筑物的重要性

对于性质重要、功能多、设备复杂、建设标准高的建筑，其耐火等级应高一些。如国家机关重要的办公楼、通信中心大楼、广播电视大楼、大型影剧院、商场、重要的科研楼、图书档案楼、高级旅馆、重要的高层工业建筑等。这些建筑一旦发生火灾，往往经济损失大、人员伤亡多、造成的影响大，对这些建筑的耐火等级要求高一些是完全必要的。而对于一般的办公楼、教学楼等，由于其可燃物相对较少，耐火等级宜适当低一些。

（2）火灾危险性

建筑物的火灾危险性大小对选定耐火等级影响较大，特别是对工业建筑。在选定工业建筑耐火等级时，把生产和储存物品的火灾危险性划分为五类，并提出与之相应的耐火等级要求。对于有易燃、易爆危险品的甲、乙类厂房和库房,发生事故后造成的损失大、影响大,所以应提出较高的耐火等级要求。工业建筑的耐火等级可根据其火灾危险性的大小、层数、面积确定。

（3）建筑物的高度

建筑物越高,功能越复杂,发生火灾时人员的疏散和火灾扑救越困难,损失也越大。由于高层建筑火灾的特点,有必要对其耐火等级的要求严格一些。对于高度较高的建筑物选定较高的耐火等级,可以确保其在火灾时不发生倒塌破坏,给人员安全疏散和消防扑救创造有利条件。

2. 民用建筑耐火等级的选定

民用建筑的耐火等级应符合表 3-5 的规定。其中,地下、半地下建筑耐火等级不低于一级;重要公共建筑的耐火等级不低于二级;一类高层建筑的耐火等级不低于一级,二类高层建筑的耐火等级不低于二级,高层建筑地下室的耐火等级不低于一级。

表 3-5　民用建筑耐火等级划分

建 筑 类 型		耐 火 等 级
地下或半地下建筑,一类高层建筑		不低于一级
单、多层重要建筑,二类高层建筑		不低于二级
单、多层建筑	民用	三级（不高于 5 层） 四级（不高于 2 层）
	住宅	三级（不高于 9 层） 四级（不高于 3 层）
以木柱承重,墙体采用不燃材料的建筑		四级
高度大于 100 m 的民用建筑		楼板耐火极限不低于 2 h

在选定了建筑物的耐火等级后,必须保证建筑物的所有构件均满足该耐火等级对构件耐火极限和燃烧性能的要求。

3.3　平面布置与防火间距

建筑总平面防火设计是建筑设计的关键,与城市消防总体规划和布局密切相关,所以在进行建筑总平面设计时,应根据城市规划合理确定高层民用建筑、其他重要公共建筑的位置、防火间距、消防车道和消防水源等。民用建筑不宜布置在火灾危险性为甲、乙类厂（库）房,甲、乙、丙类液体和可燃气体储罐以及可燃材料堆场附近。

3.3.1　平面布置

建筑的平面布置应符合下列要求。

①民用建筑的平面布置,应结合使用功能和安全疏散要求等因素合理进行。厂房和仓库不应与民用建筑合建在同一座建筑内。

②经营、存放和使用甲、乙类物品的商店、作坊和储藏间,严禁设置在民用建筑内。

③托儿所、幼儿园的儿童用房、老年人活动场所和儿童游乐厅等儿童活动场所宜设置在独立的建筑内,且不应设置在地下或半地下建筑内;当采用一、二级耐火等级的建筑时,不应超过3层;采用三级耐火等级的建筑时,不应超过2层;采用四级耐火等级的建筑时,应为单层;确需设置在其他民用建筑内时,应符合下列规定:

a.设置在二级耐火等级的建筑内时,应布置在首层、二层或三层;

b.设置在三级耐火等级的建筑内时,应布置在首层或二层;

c.设置在四级耐火等级的建筑内时,应布置在首层;

d.设置在高层建筑内时,应设置独立的安全出口和疏散楼梯;

e.设置在单、多层建筑内时,宜设置独立的安全出口和疏散楼梯。

④老年人照料设施宜独立设置。当老年人照料设施与其他建筑上下组合时,老年人照料设施宜设置在建筑的下部,并应符合下列规定:

a.老年人照料设施部分的建筑层数、建筑高度或所在楼层位置的高度应符合《建筑设计防火规范》(GB 50016—2014)第5.3.1A条的规定;

b.老年人照料设施部分应与其他场所进行防火分隔,防火分隔应符合《建筑设计防火规范》(GB 50016—2014)第6.2.2条的规定。

⑤当老年人照料设施中的老年人公共活动用房、康复与医疗用房设置在地下、半地下时,应设置在地下一层,每间用房的建筑面积不应大于200 m² 且使用人数不应大于30人。老年人照料设施中的老年人公共活动用房、康复与医疗用房设置在地上四层及以上时,每间用房的建筑面积不应大于200 m² 且使用人数不应大于30人。

⑥商店建筑、展览建筑采用三级耐火等级建筑时,不应超过2层;采用四级耐火等级建筑时,应为单层。营业厅、展览厅设置在三级耐火等级的建筑内时,应布置在首层或二层;设置在三级耐火等级的建筑内时,应布置在首层。营业厅、展览厅不应设置在地下三层及以下楼层。地下或半地下营业厅、展览厅不应经营、储存和展示甲、乙类火灾危险性物品。

⑦歌舞厅、录像厅、夜总会、卡拉OK厅(含具有卡拉OK功能的餐厅)、游艺厅(含电子游艺厅)、桑拿浴室(不包括洗浴部分)、网吧等歌舞娱乐放映游艺场所,宜设置在一级、二级耐火等级建筑物内的首层、二层或三层的靠外墙部位,不宜布置在袋形走道的两侧或尽端。受条件限制必须布置在袋形走道的两侧或尽端时,最远房间的疏散门至最近安全出口的距离不应大于9 m。受条件限制必须布置在建筑物内首层、二层或三层以外的其他楼层时,尚应符合下列规定。

a.不应布置在地下二层及二层以下。当布置在地下一层时,地下一层地面与室外出入口地坪的高差不应大于10 m。

b.一个厅、室的建筑面积不应大于200 m²,并应采用耐火极限不低于2.00 h的不燃烧体隔墙和不低于1.00 h的不燃烧体楼板与其他部位隔开,厅、室的疏散门应设置乙级防火门。

⑧高层建筑内的观众厅、会议厅、多功能厅等人员密集的场所,应设在首层或二层、三层。当必须设置在其他楼层时,除规范另有规定外,尚应符合下列规定。

a.一个厅、室的疏散出口不应少于 2 个,且建筑面积不宜超过 400 m²。

b.必须设置火灾自动报警系统和自动喷水灭火系统。

c.幕布和窗帘应采用经阻燃处理的织物。

⑨住宅建筑与其他使用功能的建筑合建时,应符合下列规定。

a.居住部分与非居住部分之间应采用不开设门窗洞口的耐火极限不低于 1.50 h 的不燃烧体楼板和不低于 2.00 h 的不燃烧实体隔墙完全分隔,且居住部分的安全出口和疏散楼梯应独立设置。

b.为居住部分服务的地上车库应设置独立的疏散楼梯或安全出口,地下车库的疏散楼梯应按规定进行分隔。

c.居住部分和非居住部分的其他防火设计,除规范另有规定外,应分别按照有关住宅建筑和公共建筑的规定执行。

3.3.2　防火间距

建筑规划布局无论是从功能分区、城市景观,还是从建筑的外部空间设计,均要求建筑物之间、建筑物与街道之间要保留适当的距离。防火间距是不同建筑间的空间间隔,既是防止火灾在建筑之间发生蔓延的间隔,也是保证灭火救援行动既方便又安全的空间。

防火间距
设计实例

建筑物着火后,火势不仅会在建筑物内部蔓延扩大,而且在建筑物外部还会因强烈的热辐射作用对周围建筑物构成威胁。火势越大,持续时间越长,距离越近,所受辐射热越强。所以,建筑物之间应保持一定的防火间距。

民用建筑之间的防火间距不应小于表 3-6 的要求。

表 3-6　民用建筑之间的防火间距(m)

建筑类别		高层民用建筑	裙房及其他民用建筑		
		一、二级	一、二级	三级	四级
高层民用建筑	一、二级	13	9	11	14
裙房及其他民用建筑	一、二级	9	6	7	9
	三级	11	7	8	10
	四级	14	9	10	12

注:相邻两座建筑物,当相邻外墙为不燃烧体且无外露的燃烧体屋檐,每面外墙上未设置防火保护措施的门窗洞口不正对开设,且面积之和不大于该外墙面积的 5% 时,其防火间距可按本表规定减少 25%。

根据建筑的实际情形,将一、二级耐火等级多层建筑之间的防火间距定为 6 m。考虑到扑救高层建筑需要使用曲臂车、云梯登高消防车等车辆,为满足消防车辆通行、停靠、操作的需要,结合实践经验,规定一、二级耐火等级高层建筑之间的防火间距不应小于13 m。其他三、四级耐火等级的民用建筑之间的防火间距,因耐火等级低,受热辐射作用易着火而致火势蔓延,其防火间距在一、二级耐火等级建筑的要求基础上有所增加。

①对于同一座建筑存在不同外形时的防火间距确定原则:

a. 高层建筑主体之间间距应按两座不同建筑的防火间距确定;

b. 两个不同防火分区的相对外墙之间的间距应满足不同建筑之间的防火间距要求;

c. 通过连廊连接的建筑物不应视为同一座建筑。

②相邻两座建筑符合下列条件时,其防火间距可不限(图 3-1)。

a. 两座建筑物相邻较高一面外墙为防火墙,或高出相邻较低一座一级、二级耐火等级建筑物的屋面 15 m 及以下范围内的外墙为不开设门窗洞口的防火墙。

b. 相邻两座建筑的建筑高度相同,且相邻两面外墙均为不开设门窗洞口的防火墙。

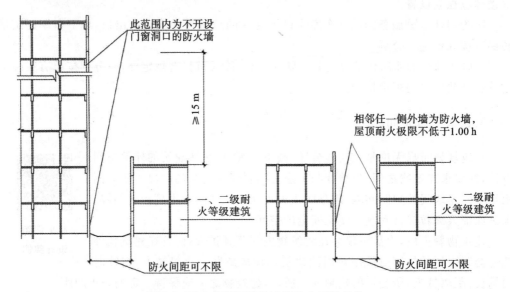

图 3-1 防火间距不限的建筑防火设计条件

③相邻两座建筑符合下列条件时,其防火间距不应小于 3.5 m;对于高层建筑,不宜小于 4.0 m。

a. 较低一座建筑的耐火等级不低于二级、屋顶不设置天窗、屋顶承重构件及屋面板的耐火极限不低于 1.00 h,且相邻较低一面外墙为防火墙。

b. 较低一座建筑的耐火等级不低于二级且屋顶不设置天窗,较高一面外墙的开口部位设置甲级防火门窗,或设置防火分隔水幕、防火卷帘。

④民用建筑与单独建造的终端变电所、单台蒸汽锅炉的蒸发量不大于 4t/h 或单台热水锅炉的额定热功率不大于 2.8 MW 的燃煤锅炉房,其防火间距可按《建筑设计防火规范》(GB 50016—2014)第 5.2.2 条相应规定执行。

10 kV 及以下的预装式变电站与建筑物的防火间距不应小于 3 m。

⑤除高层民用建筑外,数座一级、二级耐火等级的住宅建筑或办公建筑,当建筑物的占地面积总和不大于 2500 m² 时,可成组布置,但组内建筑物之间的间距不宜小于 4 m。组与组或组与相邻建筑物之间的防火间距不应小于表 3-6 的规定,如图 3-2 所示。

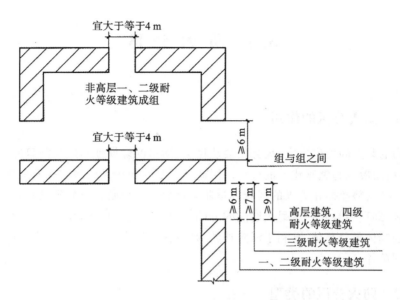

图 3-2　成组民用建筑之间的防火间距

⑥建筑高度大于 100 m 的民用建筑与相邻建筑满足各项允许减小的条件时,防火间距仍不应减小。

⑦民用建筑与燃油、燃气或燃煤锅炉房的防火间距应符合表 3-7 的规定;民用建筑与单独建造的蒸发量小于或等于 4 t/h 的单台蒸汽锅炉,额定功率小于 2.8 MW 的燃煤锅炉房,其防火间距可根据锅炉房的耐火等级按民用建筑防火间距执行。民用建筑与单独建造的变电站的防火间距应符合表 3-7 有关室外变、配电站的规定,但与单独建造的终端变电站的防火间距,可根据变电站的耐火等级按民用建筑防火间距执行。民用建筑与 10 kV 及以下的预装式变电站的防火间距不应小于 3 m。

表 3-7　锅炉与民用建筑之间的防火间距(m)

名　称			民　用　建　筑				
耐　火　等　级			裙房,单、多层建筑			高层建筑	
			一、二级	三级	四级	一级	二级
燃油、燃气锅炉房	单、多层	一、二级	10	12	14	15	13
		三级	12	14	16	18	15
		四级	14	16	18	18	15
	高层	一、二级	13	15	17	15	13
室外变、配电站	变压器总油量/t	5～10	15	20	25	20	
		10～50	20	25	30	25	
		>50	25	30	35	30	

3.4 防火分区

3.4.1 防火分区的作用

建筑物的某空间发生火灾,火势便会从楼板、墙壁的烧损处和门窗洞口向其他空间蔓延扩大,最后发展成为整座建筑的火灾。因此,对规模、面积大的多层和高层建筑而言,在一定时间内把火势控制在着火的区域内是非常重要的。控制火势蔓延最有效的办法是划分防火分区,即采用具有一定耐火性能的分隔物对空间进行划分,在一定时间内防止火灾向建筑物的其他部分蔓延,有利于消防扑救、减少火灾损失,同时为人员安全疏散、消防扑救提供有利条件。

3.4.2 防火分区的类型

防火分区分水平防火分区和竖向防火分区。

1. 水平防火分区

水平防火分区,是指在同一个水平面(同层)内,采用具有一定耐火能力的墙体、门、窗等水平防火分隔物,将该层分隔为若干个防火区域,防止火灾在水平方向蔓延。应按照规定的建筑面积标准和建筑物内部的不同使用功能区域设置防火分区。

2. 竖向防火分区

竖向防火分区主要是指为防止多层或高层建筑层与层之间的竖向火灾蔓延,沿建筑高度划分的防火分区,其主要是用具有一定耐火性能的钢筋混凝土楼板、上下楼层之间的窗间墙等构件进行防火分隔。

3.4.3 民用建筑防火分区设计要求

从防火的角度看,防火分区划分得越小,越有利于保证建筑物的防火安全。但划分得过小,势必会影响建筑物的使用功能,防火分区面积大小的确定应考虑建筑物的使用性质、耐火等级、高度、火灾危险性以及消防扑救能力等因素。我国现行防火规范对各类建筑防火分区的面积均有明确的规定,在设计时必须结合工程实际,严格执行。

1. 民用建筑防火分区

民用建筑防火分区面积是以建筑面积计算的,每个防火分区最大允许建筑面积应符合表 3-8 的要求。在进行防火分区设计时应注意以下几点:

①建筑内设置自动灭火系统时,每层最大允许建筑面积可按表 3-8 增大 1 倍;局部设置时,增加面积可按该局部面积的 1 倍计算;

②建筑物的地下室、半地下室,应采用防火墙划分防火分区,其面积不应超过 500 m²;

③防火分区之间应采用防火墙分隔,当有困难时,可采用防火卷帘(耐火极限≥3.0 h)等防火分隔设施分隔;

④裙房与高层建筑主体之间设置防火墙时,裙房的防火分区可按单、多层建筑的要求确定。

表 3-8　民用建筑的耐火等级、最大允许层数和防火分区最大允许建筑面积

名　　　称	耐 火 等 级	最大允许层数	防火分区的最大允许面积/m²	备　　　注
高层民用建筑	一、二级	按《建筑设计防火规范》第 5.1.1 条规定(参见表 3-4)	1500	体育馆、剧场的观众厅的防火分区的最大建筑面积可以适当增加
单、多层民用建筑	一、二级	按《建筑设计防火规范》第 5.1.1 条规定(参见表 3-4)	2500	
	三级	5 层	1200	
	四级	2 层	600	
地下或半地下民用建筑	一级	—	500	设备用房防火分区的最大建筑面积不大于 1000 m²

建筑内设置自动扶梯、敞开楼梯等上、下层相连通的开口时,其防火分区的建筑面积应按上、下层相连通的建筑面积叠加计算;当叠加计算后的建筑面积大于表 3-8 的规定时,应划分防火分区。

建筑内设置中庭时,其防火分区的建筑面积应按上、下层相连通的建筑面积叠加计算;当叠加计算后的建筑面积大于表 3-8 的规定时,应符合下列规定。

①与周围连通空间应进行防火分隔:采用防火隔墙时,其耐火极限不应低于 1.00 h;采用防火玻璃墙时,其耐火隔热性和耐火完整性不应低于 1.00 h。采用耐火完整性不低于 1.00 h 的非隔热性防火玻璃墙时,应设置自动喷水灭火系统进行保护;采用防火卷帘时,其耐火极限不应低于 3.00 h,并应符合《建筑设计防火规范》有关防火卷帘的规定;与中庭相连通的门、窗,应采用火灾时能自行关闭的甲级防火门、窗。

②高层建筑内的中庭回廊应设置自动喷水灭火系统和火灾自动报警系统。

③中庭应设置排烟设施。

④中庭内不应布置可燃物。

防火分区之间应采用防火墙分隔,确有困难时,可采用防火卷帘等防火分隔设施分隔。采用防火卷帘分隔时,应符合《建筑设计防火规范》有关防火卷帘的规定。

一、二级耐火等级建筑内的商店营业厅、展览厅,当设置自动灭火系统和火灾自动报警系统并采用不燃或难燃装修材料时,其每个防火分区的最大允许建筑面积应符合表3-9规定。

表 3-9 商店营业厅、展览厅防火分区

建 筑 类 别		每个防火分区建筑面积/m²	备 注
商业营业厅、展览厅	高层建筑	4000	必须具备以下条件： (1) 设有自动灭火系统； (2) 设有火灾自动报警系统； (3) 采用不燃或难燃材料装饰
	单、多层建筑(首层)	10000	
	地下、半地下	2000	

总建筑面积大于 20000 m² 的地下或半地下商店，应采用无门、窗、洞口的防火墙及耐火极限不低于 2.00 h 的楼板分隔为多个建筑面积不大于 20000 m² 的区域。相邻区域确需局部连通时，应采用下沉式广场等室外开敞空间、防火隔间、避难走道、防烟楼梯间等方式进行连通，并应符合下列规定：

①下沉式广场等室外开敞空间应能防止相邻区域的火灾蔓延和便于安全疏散；

②防火隔间的墙应为耐火极限不低于 3.00 h 的防火隔墙；

③避难走道应符合相关规定；

④防烟楼梯间的门应采用甲级防火门。

2. 设备用房防火分隔和布置

(1) 锅炉、变压器等设备布置要求

燃煤、燃油、燃气锅炉房，油浸电力变压器、充有可燃油的高压电容器和多油开关等用房宜单独建造。当上述设备用房受条件限制时，可与民用建筑贴邻布置，但应采用防火墙隔开，且不应贴邻人员密集场所。

燃油、燃气锅炉房，油浸电力变压器、充有可燃油的高压电容器和多油开关用房受条件限制必须布置在民用建筑内时，不应布置在人员密集的场所的上一层、下一层或贴邻，并应符合下列规定。

①燃油和燃气锅炉房、变压器室应布置在建筑物的首层或地下一层靠外墙部位，但常(负)压燃油、燃气锅炉可设置在地下二层。

②锅炉房、变压器室的门均应直通室外或直通安全出口；外墙上的门、窗等开口部位的上方应设置宽度不小于 1 m 的不燃体防火挑檐或高度不小于 1.2 m 的窗槛墙，如图 3-3 所示。

③锅炉房、变压器室与其他部位之间应采用耐火极限不低于 2 h 的不燃体隔墙和耐火极限不低于 1.5 h 的楼板隔开。在隔墙和楼板上不应开设洞口；当必须在隔墙上开设门窗时，应设甲级防火门窗。

④应设置火灾自动报警装置和除卤代烷以外的自动灭火系统。

(2) 柴油发电机房布置在民用建筑内的要求

柴油发电机房布置在民用建筑和裙房内时，应符合下列规定。

①宜布置在建筑物的首层或地下一、二层，不应布置在地下三层及以下。

②应采用耐火极限不低于 2 h 的不燃体隔墙和耐火极限不低于 1.5 h 的不燃体楼板与其他部位隔开，门应采用甲级防火门。

③应设置火灾自动报警系统和除卤代烷 1211(CF3Br)、1301(CF2ClBr)以外的自动

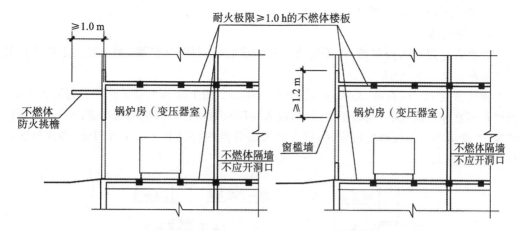

图 3-3　锅炉房、变压器室防火分隔的做法

灭火系统。

（3）消防水泵房和消防控制室的布置

消防水泵房是消防给水系统的心脏,故独立设置的消防水泵房,其耐火等级不应低于二级。附设在建筑物内的消防水泵房,应采用耐火极限不低于 2 h 的隔墙和耐火极限不低于 1.5 h 的楼板与其他部位隔开。

消防水泵房设置在首层时,其出口宜直通室外;设在地下室或其他楼层时,其出口应靠近安全出口。消防水泵房的门应采用甲级防火门。

设置火灾自动报警系统和自动灭火装置的建筑设消防控制室。消防控制室宜设在高层建筑的首层或地下一层,且应采用耐火极限不低于 2 h 的隔墙和耐火极限不低于 1.5 h 的楼板与其他部位隔开,并应设直通室外的安全出口(图 3-4)。

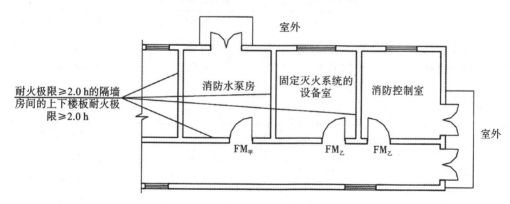

图 3-4　消防控制室防火分隔的做法

3.4.4　防火构造设计

1. 防火构件

水平防火构件有防火墙、防火门窗、防火卷帘等;竖向防火构件有耐火楼板、楼层上下的窗间墙、防火挑檐、防烟楼梯、封闭楼梯、管井隔火板等。

2. 防火构造设计要求

(1) 防火墙

防火墙是阻止火势蔓延,由不燃烧材料构成的分隔体(如砖墙、钢筋混凝土墙等),其耐火极限不低于 3.0 h。

输送燃气、氢气、汽油、柴油等可燃气体或甲、乙、丙类液体的管道严禁穿过防火墙,其他管道不宜穿过防火墙,当必须穿过时,应采用防火封堵材料将墙与管道之间的空隙紧密填实;当管道为难燃及可燃材质时,应在防火墙两侧的管道上采取防火措施,如设置膨胀型阻火圈等(图 3-5)。

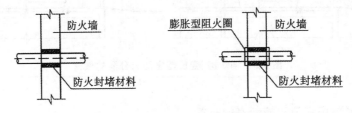

图 3-5 管道穿越防火墙时的做法

(2) 防火门窗

防火门窗不仅具有普通门窗的通行、通风、采光等功能,而且具有隔火隔烟的功能。

《防火门》(GB 12955—2008)、《防火窗》(GB 16809—2008)将门窗按耐火性能进行了分类,见表 3-10。

表 3-10 防火门窗耐火性能及代号

名　　称	耐火性能/h		代　　号
	耐火隔热性	耐火完整性	
隔热防火门 隔热防火窗 (A 类)	≥0.50	≥0.50	A0.50(丙级)
	≥1.00	≥1.00	A1.00(乙级)
	≥1.50	≥1.50	A1.50(甲级)
	≥2.00	≥2.00	A2.00
	≥3.00	≥3.00	A3.00
部分隔热 防火门 (B 类)	≥0.50	≥1.00	B1.00
		≥1.50	B1.50
		≥2.00	B2.00
		≥3.00	B3.00
非隔热防火门 非隔热防火窗 (C 类)		≥1.00	C1.00
		≥1.50	C1.50
		≥2.00	C2.00
		≥3.00	C3.00

甲级防火门窗主要用于防火墙和重要设备用房;乙级防火门窗主要用于疏散楼梯间

及消防电梯前室的门洞口,以及单元式高层住宅开向楼梯间的户门等;丙级防火门主要用于电缆井、管道井、排烟竖井等的检查门。

防火门应为向疏散方向开启的平开门;用于疏散的走道、楼梯间和前室的防火门应具有自动关闭的功能。

(3) 防火卷帘

防火卷帘用钢板或无机纤维复合防火材料制作,分为防火卷帘和防火、防烟卷帘,耐火极限有两个等级(不小于 2 h、3 h)。防火卷帘在建筑中使用广泛,如开敞的电梯厅、自动扶梯的封隔、高层建筑外墙的门窗洞口等,发生火灾时可阻止火势从门窗等开口部位蔓延。防火卷帘结构及各零部件名称如图 3-6 所示。

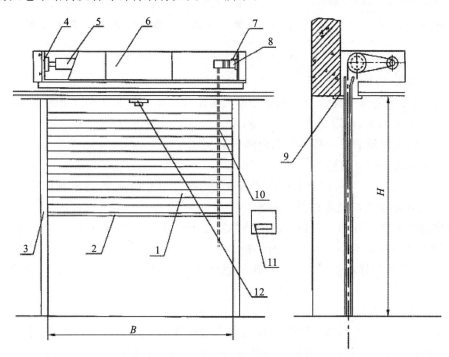

图 3-6　防火卷帘结构示意图及各零部件名称

1—帘面;2—座板;3—导轨;4—支座;5—卷轴;6—箱体;7—限位器;

8—卷门机;9—门楣;10—手动拉链;11—控制箱(按钮盒);12—感温、感烟探测器

防火卷帘用于防火墙的开口部位,除中庭外,当防火分隔部位的宽度不大于 30 m 时,防火卷帘的宽度不应大于 10 m;当防火分隔部位的宽度大于 30 m 时,防火卷帘的宽度不应大于该部位宽度的 1/3,且不应大于 20 m。

防火卷帘应具有火灾时靠自重自动关闭的功能。

防火卷帘的耐火极限不应低于所设置部位墙体的耐火极限要求。

当防火卷帘的耐火极限符合现行国家标准《门和卷帘的耐火试验方法》(GB/T 7633)有关耐火完整性和耐火隔热性的判定条件时,可不设置自动喷水灭火系统保护。

当防火卷帘的耐火极限仅符合现行国家标准《门和卷帘的耐火试验方法》(GB/T 7633)有关耐火完整性的判定条件时,应设置自动喷水灭火系统保护。自动喷水灭火系统的设计应符合现行国家标准《自动喷水灭火系统设计规范》(GB 50084)的规定,但火灾延续时间不应小于该防火卷帘的耐火极限。

设置自动喷水灭火系统时,两侧喷头间距不小于 2 m(图 3-7)。

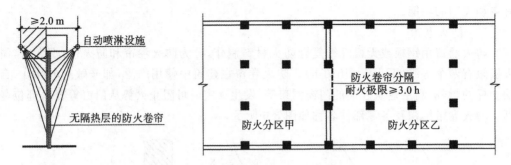

图 3-7 防火卷帘用于防火墙开口部位的做法

(4)楼面板和屋面板

一、二级耐火等级的建筑应分别采用耐火极限为 1.5 h 和 1.0 h 以上的不燃烧体,如钢筋混凝土楼屋面板,以阻隔火势向上蔓延。

100 m 以上建筑的楼面板的耐火极限要达到 2.0 h。

(5)窗间墙和防火挑檐

建筑外墙上、下层开口之间应设置高度不小于 1.2 m 的实体墙或挑出宽度不小于 1.0 m、长度不小于开口宽度的防火挑檐。

住宅建筑外墙上相邻户开口之间的墙体宽度不应小于 1.0 m;小于 1.0 m 时,应在开口之间设置凸出外墙不小于 0.6 m 的隔板。

实体墙、防火挑檐和隔板的耐火极限和燃烧性能,均不应低于相应耐火等级建筑外墙的要求。

(6)管道竖井的隔火

电缆井、管道井、排烟道、排气道、垃圾道等竖向管道井串通各层的楼板,形成竖向连通孔洞,未封闭的管井在火灾时会成为蹿火进烟的火井,所以其应作为重点防火部位。

竖向管道井应采用耐火极限不低于 1.0 h 的不燃体作井壁,井壁上的检查门应采用丙级防火门。各竖向管道井应分别独立设置,电缆井、管道井与房间、走道等相连通的孔洞,其空隙应采用不燃烧材料填塞密实(图 3-8)。

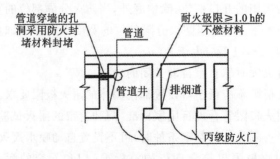

图 3-8 管道竖井的防火设计

（7）防烟楼梯和封闭楼梯

防烟楼梯和封闭楼梯用于人员疏散,同时也是竖向隔火构件,可以阻止火势向上发展。详细描述参见本章 3.5 节相关内容。

3.5　安　全　疏　散

安全疏散设施的建立,其目的是使人能从发生火灾的建筑中迅速撤离到安全部位(室外或避难层、避难间等),及时转移室内重要的物资和财产,减少火灾造成的人员伤亡和财产损失,为消防人员提供有利的灭火条件。因此,完善建筑物的安全疏散设施是十分必要的。

建筑的安全疏散和避难设施主要包括:疏散门、疏散走道、安全出口或疏散楼梯(包括室外楼梯)、避难走道、避难间或避难层、疏散指示标志和应急照明,有时还要考虑疏散诱导广播等。

安全出口和疏散门的位置、数量、宽度,疏散楼梯的形式和疏散距离,避难区域的防火保护措施,对于满足人员安全疏散至关重要。而这些因素与建筑的高度、楼层或一个防火分区、房间的大小及内部布置、室内空间高度和可燃物的数量、类型等关系密切。设计时应区别对待,充分考虑区域内使用人员的特性,结合上述因素合理确定相应的疏散和避难设施,为人员疏散和避难提供安全的条件。

疏散门是房间直接通向疏散走道的房门、直接开向疏散楼梯间的门(如住宅的户门)或室外的门,不包括套间内的隔间门或住宅套内的房间门;安全出口是直接通向室外的房门或直接通向室外疏散楼梯、室内的疏散楼梯间及其他安全区的出口。安全出口是疏散门的一个特例。

对于安全出口和疏散门的布置,一般要使人员在建筑着火后能有多个不同方向的疏散路线可供选择和疏散,要尽量将疏散出口均匀分散布置在平面上的不同方位。如果两个疏散出口之间距离太近,在火灾中实际上只能起到 1 个出口的作用,因此,国外有关标准还规定同一房间最近 2 个疏散出口与室内最远点的夹角不应小于 45°。这在工程设计时要注意把握。对于面积较小的房间或防火分区,符合一定条件时,可以设置 1 个出口。

相邻出口的间距是根据我国实际情况并参考国外有关标准确定的。目前,在一些建筑设计中存在安全出口设置得不合理的现象,降低了火灾时出口的有效疏散能力。英国、新加坡、澳大利亚等国家的建筑规范对相邻出口的间距均有较严格的规定。

如法国《公共建筑物安全防火规范》规定:2 个疏散门之间相距不应小于 5 m。澳大利亚《澳大利亚建筑规范》规定:公众聚集场所内 2 个疏散门之间的距离不应小于 9 m。

3.5.1　安全疏散设施布置的原则

1. 火灾时人的心理与行为

在布置安全疏散路线时,必须充分考虑火灾时人们在异常心理状态下的行为特点(见

表 3-11),在此基础上进行合理设计,达到安全疏散人员的目的。

表 3-11 疏散人员的心理与行为

向经常使用的出入口、楼梯避难	在旅馆、剧院等发生火灾时,人员习惯于从原出入口或走过的楼梯疏散,而很少使用不熟悉的出入口或楼梯
习惯于向明亮的方向疏散	人具有朝着光明处运动的习性,以明亮的方向为行动的目标
奔向开阔的空间	与趋向光明处的心理行为是同一性质的
对烟火怀有恐惧心理	对于红色火焰怀有恐惧心理是动物的一般习性,人一旦被火包围,则不知所措
因危险而陷入极度恐慌,逃向狭小角落	在出现死亡事故的火灾中,常可看到缩在房角、厕所或把头插进橱柜而死亡的例子
越慌乱,越容易跟随他人	人在极度慌乱中,往往会失去正常判断能力,无形中产生跟随他人的行为
紧急情况下能发挥出意想不到的力量	把全部精力集中在应付紧急情况上,会做出平时预想不到的举动。如遇火灾时,甚至敢从高楼上跳下去

2. 安全疏散路线的布置

根据火灾事故中疏散人员的心理和行为特征,在进行疏散线路的设计时,应使疏散的线路简捷明了,不与扑救路线相交叉,并能与人们日常生活的活动路线有机地结合。在发生火灾紧急疏散时,人们行走的路线的安全性应该越来越高。如人们从着火房间或部位,跑到公共走道,再由公共走道到达疏散楼梯间,然后转向室外或其他安全处所,如避难层,一步比一步安全,这样的疏散路线即为安全疏散路线。因此,在布置疏散路线时,既要力求简捷,便于寻找、辨认,还要避免因受某种障碍发生"逆流"情况。

(1)合理组织疏散流线

应按照建筑物中各功能区的不同用途,分别布置疏散线路。因为高层疏散路线的竖向连通性,要防止各个不同层面的防火分区通过疏散路径"串联",扩大火灾的危险。如某高层商住综合楼,地下室为车库、设备用房,一、二层为商业用房,三层及三层以上为住宅。为了确保疏散线路的安全性,可将安全疏散路线分为完全独立的三个部分:①上部住宅人群的疏散;②一、二层商业用房人群的疏散;③地下室人群的疏散。这三部分的疏散楼梯各自完全独立,确保疏散路线的明晰,同时有效地防止了各层面不同功能区的火灾的"串联"。

(2)合理布置疏散路线

疏散楼梯布置的位置非常重要,一般情况下,靠近电梯间布置楼梯较为有利。发生火灾时,人们往往首先考虑熟悉并经常使用的、由电梯所组成的疏散路线,靠近电梯间设置疏散楼梯,就能使经常使用的路线和火灾时的疏散路线有机地结合起来,有利于疏散的快速和安全。图 3-9 即为疏散楼梯与消防电梯相结合的设置形式,其中图 3-9(a)为一对剪刀梯设置为防烟楼梯间,楼梯的前室与消防电梯前室合用,疏散路线与平时常用路线相结合,人群可直接通过短走道进入合用前室,再进入疏散楼梯,安全有良好的保障。图 3-9 (b)中布置了环形走道和两座防烟楼梯间,形成了完善的双向疏散路线,以满足消防人员救护和人群疏散的需要。

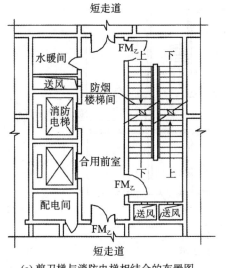

(a) 剪刀梯与消防电梯相结合的布置图

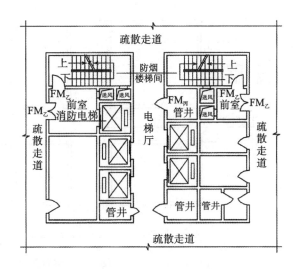

(b) 防烟楼梯与消防电梯相结合的布置图

图 3-9　疏散楼梯与消防电梯相结合布置示意

（3）合理布置疏散出口

为了保证人们在火灾时向不同疏散方向进行疏散,一般应在靠近主体建筑标准层或其防火分区的两端设置安全出口。在火灾时人们常常是冲向熟悉、习惯和明亮处的出口或楼梯,若遇烟火阻碍,就得掉头寻找出路,尤其是人们在惊慌、失去理智控制的情况下,往往会追随别人盲目行动,所以只有一个方向的疏散路线是极不安全的。有条件时,疏散楼梯间及其前室应尽量靠近外墙设置。因为这样布置,可利用在外墙开启的窗户进行自然排烟,从而为人员安全疏散和消防扑救创造有利条件;如因条件限制,将疏散楼梯布置在建筑核心部位时,应设有机械正压送风设施,以利于安全疏散。

建筑的安全出口应分散布置,使人员能够双向疏散,以避免出口距离太近,造成人员疏散拥堵现象。因此,建筑内的每个防火分区、一个防火分区内的每个楼层,其安全出口的数量不应少于 2 个,相邻 2 个安全出口最近边缘之间的水平距离不应小于 5 m（图3-10）。

3.5.2　安全疏散距离

安全疏散距离一般是指从房间门（住宅户门）到最近的外部出口或楼梯间的最大允许距离。限制安全疏散距离的目的在于缩短疏散时间,使人们尽快疏散到安全地点。根据建筑物使用性质以及耐火等级情况的不同,对安全疏散的距离也会提出不同要求,以便各类建筑在发生火灾时,人员疏散有相应的保障。

①直通疏散走道的房间疏散门至最近安全出口的最大距离,应符合表 3-12 的要求。

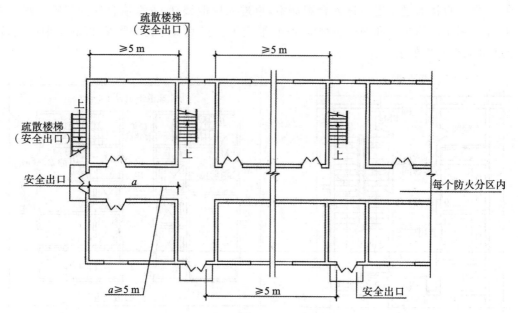

图 3-10　建筑安全出口设置要求

表 3-12　直通疏散走道的房间疏散门至最近安全出口的最大距离（m）

名　　　称		位于两个安全出口之间的疏散门			位于袋形走道两侧或尽端的疏散		
		耐火等级			耐火等级		
		一、二级	三级	四级	一、二级	三级	四级
托儿所、幼儿园、老年人照料设施		25	20	15	20	15	10
歌舞娱乐游艺场所		25	20	15	20	15	—
单层或多层医院和疗养院建筑		35	30	25	20	15	10
高层医疗建筑院、疗养院	病房部分	24	—	—	12		
	其他部分	30			15		
教学建筑	单层或多层	35	30	25	22	20	10
	高层	30			15		
高层旅馆、展览建筑		30			15		
其他建设	单层或多层	40	35	25	22	20	15
	高层	40			20		

注：1. 建筑内开向散开式外廊的房间疏散门至最近安全出口的直线距离可按本表的规定增加 5 m。

2. 直通疏散走道的房间疏散门至最近敞开楼梯间的直线距离，当房间位于两个楼梯间之间时，应按本表的规定减 5 m；当房间位于袋形走道两侧或尽端时，应按本表的规定减少 2 m。

3. 建筑物内全部设置自动喷水灭火系统时，其安全疏散距离可按本表的规定增加 25%。

　　②楼梯间应在首层直通室外，确有困难时，可在首层采用扩大的封闭楼梯间或防烟楼

梯间前室。当层数不超过 4 层且未采用扩大的封闭楼梯间或防烟楼梯间前室时,可将直通室外的门设置在离楼梯间不大于 15 m 处。

③房间内任一点至房间直通疏散走道的疏散门的直线距离,不应大于表 3-12 规定的袋形走道两侧或尽端的疏散门至最近安全出口的直线距离。

④一、二级耐火等级建筑内疏散门或安全出口不少于 2 个的观众厅、展览厅、多功能厅、餐厅、营业厅等,其室内任一点至最近疏散门或安全出口的直线距离不应大于 30 m;当疏散门不能直通室外地面或疏散楼梯间时,应采用长度不大于 10 m 的疏散走道通至最近的安全出口。当该场所设置自动喷水灭火系统时,室内任一点至最近安全出口的安全疏散距离可分别增加 25%。

⑤除特殊规定者外,建筑中安全出口的门和房间疏散门的净宽度不应小于 0.9 m,疏散走道和疏散楼梯的净宽度不应小于 1.1 m。

高层建筑的疏散楼梯、首层疏散外门和疏散走道的最小净宽度应符合表 3-13 的规定。

表 3-13　高层建筑的疏散楼梯、首层疏散外门和疏散走道的最小净宽度(m)

高 层 建 筑	疏 散 楼 梯	楼梯间的首层疏散门、首层疏散外门	走　道	
			单面布房	双面布房
医疗建筑	1.30	1.30	1.40	1.50
其他建筑	1.20	1.20	1.30	1.40

⑥人员密集的公共场所、观众厅的疏散门不应设置门槛,其净宽度不应小于 1.4 m,且紧靠门口内外各 1.4 m 范围内不应设置踏步。

人员密集的公共场所的室外疏散小巷的净宽度不应小于 3.0 m,并应直通宽敞地带。

⑦剧院、电影院、礼堂、体育馆等人员密集场所的疏散走道、疏散楼梯、疏散门、安全出口的各自总宽度,应根据其通过人数和疏散净宽度指标计算确定,并应符合下列规定。

a. 观众厅内疏散走道的净宽度应按每 100 人不小于 0.6 m 的净宽度计算,且不应小于 1.0 m;边走道的净宽度不宜小于 0.8 m。

在布置疏散走道时,横走道之间的座位排数不宜超过 20 排。纵走道之间的座位数:剧院、电影院、礼堂等,每排不宜超过 22 个;体育馆,每排不宜超过 26 个;前后排座椅的排距不小于 0.9 m 时,可增加 1.0 倍,但不得超过 50 个;仅一侧有纵走道时,座位数应减少一半。

b. 剧院、电影院、礼堂等场所供观众疏散的所有内门、外门、楼梯和走道的各自总宽度,应按表 3-14 的规定计算确定。

表 3-14　剧院、电影院、礼堂等场所每 100 人所需最小疏散净宽度(m)

观众厅座位数/座			≤2500	≤1200
耐火等级			一级、二级	三级
疏散部位	门和走道	平坡地面	0.65	0.85
		阶梯地面	0.75	1.00
	楼梯		0.75	1.00

c.体育馆供观众疏散的所有内门、外门、楼梯和走道的各自总宽度,应按表 3-15 的规定计算确定。

表 3-15　体育馆每 100 人所需最小疏散净宽度(m)

观众厅座位数/座			3000～5000	5001～10000	10001～20000
疏散部位	门和走道	平坡地面	0.43	0.37	0.32
		阶梯地面	0.50	0.43	0.37
	楼梯		0.50	0.43	0.37

注:表中较大座位数范围按规定计算的疏散总宽度,不应小于相邻较小座位数范围按其最多座位数计算的疏散总宽度。

d.有等场需要的入场门不应作为观众厅的疏散门。

⑧其他公共建筑中的疏散走道、安全出口、疏散楼梯和房间疏散门的各自总宽度,应按下列规定经计算确定。

a.每层疏散走道、安全出口、疏散楼梯和房间疏散门的每 100 人的净宽度不应小于表 3-16 的规定。当每层人数不等时,疏散楼梯的总宽度可分层计算,地上建筑中下层楼梯的总宽度应按其上层人数最多一层的人数计算,地下建筑中上层楼梯的总宽度应按其下层人数最多一层的人数计算。

表 3-16　疏散走道、安全出口、疏散楼梯和房间疏散门的每 100 人的净宽度(m)

建 筑 层 数	耐 火 等 级		
	一级、二级	三级	四级
地上一层、二层	0.65	0.75	1.00
地上三层	0.75	1.00	不适用
地上四层及四层以上	1.00	1.25	不适用
与地面出入口地面的高差不大于 10 m 的地下层	0.75	不适用	不适用
与地面出入口地面的高差大于 10 m 的地下层	1.00	不适用	不适用

b.地下或半地下人员密集的厅、室和歌舞娱乐放映游艺场所,其疏散走道、安全出口、疏散楼梯和房间疏散门的各自总宽度,应按其通过人数每 100 人不小于 1.0 m 计算确定。

c.首层外门的总宽度应按该层及该层以上人数最多的一层人数计算确定,不供楼上人员疏散的外门,可按本层人数计算确定。

d.录像厅的疏散人数,应根据该厅的建筑面积按 1.0 人/m² 计算确定;其他歌舞娱乐放映游艺场所的疏散人数,应根据该场所内厅、室的建筑面积按 0.5 人/m² 计算确定。

e.有固定座位的场所,其疏散人数可按实际座位数的 1.1 倍确定。

f.商店的疏散人数应按每层营业厅建筑面积乘以表 3-17 规定的人员密度。对于家具、建材商店和灯饰展示建筑,其人员密度可按表 3-17 规定值的 30%～40%确定。

表 3-17　商店营业厅内的人员密度(人/m²)

楼层位置	地下二层	地下一层	地上第一层、二层	地上第三层	地上第四层及以上各层
换算系数	0.56	0.60	0.430～0.60	0.39～0.54	0.30～0.42

3.5.3　疏散楼梯

当发生火灾时,普通电梯如未采取有效的防火防烟措施,因供电中断,均会停止运行。此时楼梯便成为最主要的竖向疏散设施。它既是楼内人员的疏散线路,也是消防人员灭火的进攻线路。

疏散楼梯是人员在紧急情况下安全疏散所用的楼梯,按防烟火作用可分为防烟楼梯、封闭楼梯、室外疏散楼梯、敞开楼梯。其中防烟楼梯的防烟火作用、安全疏散程度最好,敞开楼梯最差。

1. 敞开楼梯

敞开楼梯即普通室内楼梯,其与走道或大厅都敞开在建筑物内,楼梯间很少设门,隔烟阻火效果最差,是烟、火向其他楼层蔓延的主要通道。因多层建筑疏散方便,加之敞开楼梯使用方便,在多层建筑中使用较普遍。

2. 防烟楼梯间

防烟楼梯间是指在楼梯间入口处设有前室或阳台、凹廊,通向前室、阳台、凹廊和楼梯间的门均为乙级防火门的楼梯间。防烟楼梯间设有两道防火门和防排烟设施,发生火灾时能作为安全疏散通道,是高层建筑中常用的楼梯间形式。下列建筑均应设置防烟楼梯间:

①一类高层公共建筑;

②高度大于 32 m 的二类高层公共建筑;

③建筑高度大于 33 m 的住宅建筑。

防烟楼梯间的设置应符合下列规定:

①楼梯间入口处应设前室、阳台或凹廊;

②前室的面积,公共建筑不应小于 6.0 m^2,居住建筑不应小于 4.5 m^2;

③前室和楼梯间的门均为乙级防火门(净宽不小于 0.9 m),并应向疏散方向开启。

防烟楼梯间有如下几种类型。

(1)带开敞前室的防烟楼梯间

这种类型的特点是以阳台或凹廊作为前室,疏散人员须通过开敞的前室和两道防火门才能进入封闭的楼梯间。其优点是自然风力能将随人流进入阳台的烟气迅速排走,同时转折的路线也使烟很难袭入楼梯间,无须再设其他的排烟装置。所以这是安全性最高和最为经济的一种疏散楼梯间。但只有当楼梯间靠外墙时才能采用这种形式。

图 3-11(a)为以阳台作为开敞前室的防烟楼梯间,特点是人流通过阳台才能进入楼梯间,风可将蹿入阳台的烟气立即吹走,所以防烟、排烟的效果较好。

图 3-11(b)为以凹廊作为开敞前室的防烟楼梯间,这种形式的楼梯间除自然排烟效果较好外,在平面布置上还可与电梯厅相结合,使经常使用的路线和火灾时的疏散路线结合起来。

(2)带封闭前室的防烟楼梯间

这种类型的特点是人员须通过封闭的前室和两道防火门才能到达楼梯间。与敞开式楼梯间相比,其主要优点是既可靠外墙设置,也可放在建筑物核心筒内部,平面布置灵活

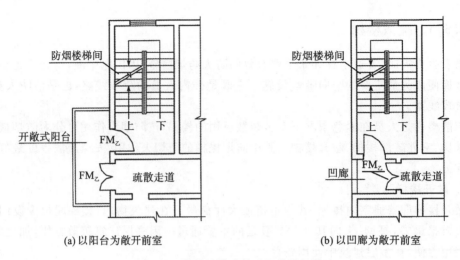

(a) 以阳台为敞开前室　　　　　　　(b) 以凹廊为敞开前室

图 3-11　带敞开前室的防烟楼梯间做法

且形式多样,主要缺点是排烟比较困难。位于内部的前室和楼梯间须设机械防排烟设施,设备复杂,排烟效果不易保证;当靠外墙布置时可利用窗口自然排烟,但受室外风向的影响较大,可靠性仍较差。

　　图 3-12 为带封闭前室防烟楼梯间示意图,图 3-12(a)、(b)利用送风竖井对楼梯间进行送风,但前室无排烟装置;图 3-12(c)利用外墙窗进行排烟,前室采用送风装置。

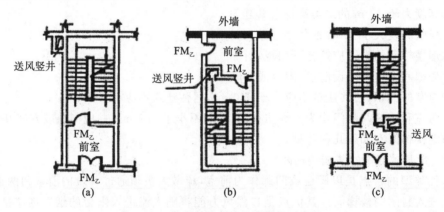

(a)　　　　　　　(b)　　　　　　　(c)

图 3-12　带封闭前室防烟楼梯间示意图

3. 封闭楼梯间

　　封闭楼梯间是在楼梯间入口处设置门(净宽不小于 0.9 m),以防止火灾的烟和热气进入的楼梯间。

　　多层公共建筑的疏散楼梯,除与敞开式外廊直接相连的楼梯间外,均应采用封闭楼梯间:

　　①医疗建筑、旅馆、老年人建筑及类似使用功能的建筑;

　　②设置歌舞娱乐放映游艺场所的建筑;

　　③商店、图书馆、展览建筑、会议中心及类似使用功能的建筑;

　　④6 层及以上的其他建筑。

封闭楼梯间一般不设前室,当发生火灾时可利用设在封闭楼梯间外墙上开启的窗户将室内烟气排出室外,如图 3-13 所示。

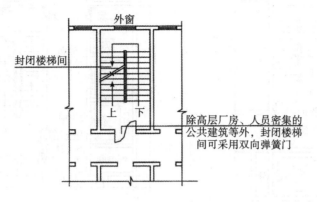

图 3-13　封闭楼梯间示意图

4. 室外疏散楼梯

室外疏散楼梯是在建筑物的外墙上设置的,且常布置在建筑端部,全部开敞于室外的楼梯(图 3-14)。室外疏散楼梯具有与防烟楼梯间相同的防烟、防火功能,可供人员应急疏散或消防队员直接从室外进入起火楼层进行火灾扑救。

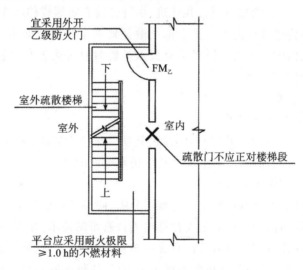

图 3-14　室外疏散楼梯设置示意图

5. 疏散楼梯间附属设施的设置

前室和楼梯间内要设事故照明,封闭楼梯的前室要有防烟措施,前室应设置消火栓及电话,以便能与消防控制中心保持联系。开敞式楼梯常是低层和多层建筑唯一的垂直交通和疏散通道,故消火栓多设于楼梯附近,位置明显且易于操作的部位,以便于上下层灭火时使用。高层建筑的楼梯主要用于疏散,且多要求封闭设置,因而消火栓不宜设于防烟和封闭楼梯间内(图 3-15)。

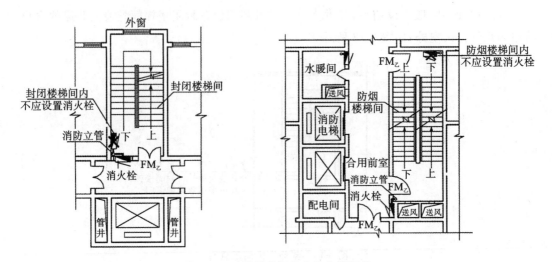

图 3-15　疏散楼梯间消火栓布置要求

3.5.4　避难层

1. 设置避难层的意义

建筑高度超过 100 m 的超高层公共建筑,尽管已设有防烟楼梯间等安全疏散设施,但是一旦发生火灾,要将建筑物内的人员全部疏散到地面是非常困难的,甚至是不可能的。因此,在超高层建筑内的适当楼层设置供疏散人员暂时躲避火灾和喘息的一块安全地区(避难层或避难间)是非常必要的。

2. 避难层设计要求

避难层的设计应符合下列规定。

建筑高度大于 100 m 的公共建筑,应设置避难层(间)。避难层(间)应符合下列规定。

①第一个避难层(间)的楼地面至灭火救援场地地面的高度不应大于 50 m,两个避难层(间)之间的高度不宜大于 50 m。

②通向避难层(间)的疏散楼梯应在避难层分隔、同层错位或上下层断开。

③避难层(间)的净面积应能满足设计避难人数避难的要求,并宜按 5.0 人/m² 计算。

④避难层可兼作设备层。设备管道宜集中布置,其中的易燃、可燃液体或气体管道应集中布置,设备管道区应采用耐火极限不低于 3.00 h 的防火隔墙与避难区分隔。管道井和设备间应采用耐火极限不低于 2.00 h 的防火隔墙与避难区分隔,管道井和设备间的门不应直接开向避难区;确需直接开向避难区时,与避难层区出入口的距离不应小于 5 m,且应采用甲级防火门。避难间内不应设置易燃、可燃液体或气体管道,不应开设除外窗、疏散门之外的其他开口。

⑤避难层应设置消防电梯出口;应设置消火栓和消防软管卷盘;应设置消防专线电话和应急广播。

⑥在避难层(间)进入楼梯间的入口处和疏散楼梯通向避难层(间)的出口处,应设置明显的指示标志。

⑦应设置直接对外的可开启窗口或独立的机械防烟设施,外窗应采用乙级防火窗。

建筑高度大于 24 m 的病房楼,应在 2 层及 2 层以上各楼层设置避难间。避难间除应符合上述规定外,尚应符合下列规定。

①避难间的使用面积应按每个护理单元不小于 25.0 m² 确定。

②当电梯前室内有 1 部及 1 部以上病床梯兼作消防电梯时,可利用电梯前室作为避难间。

3.5.5　消防电梯

消防电梯是设置在建筑的耐火封闭结构内,具有前室和备用电源,在正常情况下为普通乘客使用,在建筑发生火灾时其附加的保护、控制和信号等功能能专供消防员使用的电梯。

消防电梯在井道外面的消防员入口层设置有消防电梯开关,火灾发生时,消防员用其控制消防电梯的运行。

消防电梯在火灾发生时,利用自备电源进行救援运行。

①当环境温度在 0～+65 ℃ 范围内时,电气、电子的层站控制装置和指示器应能持续工作一段时间,使消防员能确定轿厢位置(如:轿厢被阻滞的位置),以便进行救援。该时间应与建筑物结构的要求相适应,如 2 h。

②消防电梯不在前室内的其他所有电气、电子器件,应设计成确保它们在 0～+40 ℃ 环境温度范围内能正常工作。

③当烟雾充满井道或机房时,消防电梯的控制系统的正常功能应至少确保建筑物结构所要求的一段时间,如 2 h。

1. 消防电梯设置范围

高层建筑应设置消防电梯。普通电梯一般都布置在敞开的走道或电梯厅,火灾时因电源切断而停止使用,因此普通电梯无法供消防队员扑救火灾。高层建筑如不设置消防电梯,发生火灾时消防队员需徒步负重攀登楼梯扑灭火灾,这不仅消耗消防队员体力,还延误灭火时机。消防队员如从疏散楼梯进入火场,易于和正在疏散的人群形成"对撞"。因此,高层建筑内设置消防电梯是十分必要的。

《建筑设计防火规范》规定下列建筑应设消防电梯:

①建筑高度大于 33 m 的住宅建筑;

②一类高层公共建筑和建筑高度大于 32 m 的二类高层公共建筑;

③设置消防电梯的建筑的地下或半地下室,埋深大于 10 m 且总建筑面积大于 3000 m² 的其他地下或半地下建筑(室)。

2. 消防电梯设置要求

①消防电梯应分别设在不同的防火分区内,且每个防火分区不应少于 1 台。

在同一高层建筑内,应避免将 2 台或 2 台以上的消防电梯设置在同一防火分区内。否则当其他防火分区发生火灾时会给扑救带来不便和困难。

②消防电梯应设前室。消防电梯设置前室是为了当发生火灾时,消防队员在起火楼层有一个较为安全的地方放置必要的消防器材,并能顺利地进行火灾扑救。前室也具有

防火、防烟的功能。为使平面布置紧凑,方便日常使用和管理,消防电梯和防烟楼梯可合用一个前室。

前室面积:居住建筑不应小于 4.50 m²;公共建筑不应小于 6.00 m²。当与防烟楼梯间合用前室时,其面积:居住建筑不应小于 6.00 m²;公共建筑不应小于 10 m²。

③消防电梯间前室宜靠外墙设置,在首层应设置直通室外的出口或经过长度不超过 30 m 的通道通向室外。

消防电梯的前室靠外墙设置,可利用直通室外的窗户进行自然排烟。火灾时,为使消防队员尽快由室外进入消防电梯前室,前室在首层应有直通室外的出入口。若受平面布置限制,外墙出入口不能靠近消防电梯前室时,要设置不穿越其他房间且长度不小于30 m 的走道,以保证路线畅通。

④消防电梯间前室的门,应采用乙级防火门或具有停滞功能的防火卷帘。

⑤消防电梯轿厢内应设专用电话;并应在首层设供消防队员专用的操作按钮。

⑥消防电梯井、机房与相邻电梯井、机房之间,应采用耐火极限不低于 2.0 h 的不燃体隔墙隔开;当墙上开门时,应设置甲级防火门。

⑦消防电梯井底排水。在灭火过程中可能有大量的消防用水流入消防电梯井,为此,消防电梯前室门口宜设置挡水设施。消防电梯的井底还应设排水设施,排水井容量不应小于 2.0 m³,排水泵的排水量不应小于 10 L/s。

3.6　汽车库防火设计

通常所指的汽车库是汽车库、修车库和停车场的总称。汽车库的消防设计必须符合《汽车库、修车库、停车场设计防火规范》(GB 50067—2014)的相关规定。

3.6.1　汽车库的种类

①汽车库:停放由内燃机驱动且无轨道的客车、货车、工程车等汽车的建筑物。

②修车库:保养、修理由内燃机驱动且无轨道的客车、货车、工程车等汽车的建筑物。

③停车场:停放由内燃机驱动且无轨道的客车、货车、工程车等汽车的露天场所和构筑物。

④地下汽车库:室内地坪面低于室外地坪面高度超过该层车库净高一半的汽车库。

⑤高层汽车库:建筑高度超过 24 m 的汽车库或设在高层建筑内地面以上楼层的汽车库。

⑥机械式汽车库:室内无车道且无人员停留的、采用机械设备进行垂直或水平移动等形式停放汽车的汽车库。

⑦封闭式汽车库:室内有车道、有人员停留,同时采用机械设备传送,在一个建筑层内叠 2~3 层存放车辆的汽车库。

⑧敞开式汽车库:每层车库外墙敞开面积超过该层四周墙体总面积的 25% 的汽车库。

无论何种形式的汽车库,在进行消防系统设计时,均有一定的设计方法和要求。

3.6.2　汽车库分类和耐火等级

1. 汽车库的分类

根据汽车库的不同种类和停放的车辆数,汽车库可划分为 4 类,见表 3-18。

表 3-18　汽车库的分类

	Ⅰ	Ⅱ	Ⅲ	Ⅳ
汽车库/辆	＞300	151～300	51～150	≤50
修车库/车位	＞15	6～15	3～5	≤2
停车场/辆	＞400	251～400	101～250	≤100

注:汽车库的屋面亦停放汽车时,其停车数量应计算在汽车库的总车辆数内。

2. 汽车库的耐火等级

汽车库的耐火等级分为三级。地下汽车库的耐火等级应为一级;甲、乙物品运输车的汽车库、修车库和Ⅰ、Ⅱ、Ⅲ类汽车库、修车库的耐火等级不应低于二级;Ⅳ类汽车库、修车库的耐火等级不应低于三级。

3.6.3　汽车库总平面布局和平面布置

1. 一般规定

①汽车库不应与甲、乙类生产厂房、库房以及托儿所、幼儿园、养老院组合建造;当病房楼与汽车库有完全的防火分隔时,病房楼的地下可设置汽车库。

因许多高层建筑和公共建筑中的地下都建造了汽车库,所以汽车库可与一般工业和民用建筑组合或贴邻建造,但不应与甲、乙类易燃易爆危险品生产车间、库房以及民用建筑中的托儿所、幼儿园、养老院和病房楼组合建造。当汽车库的进出口与病房楼人员的出入口完全分开,不会互相干扰时,可考虑在病房楼的地下设置汽车库。

②Ⅰ类修车库应单独建造;Ⅱ、Ⅲ类修车库可设置在一、二级耐火等级的建筑物的首层或与其贴邻建造,但不得与甲、乙类生产厂房、库房、明火作业的车间以及托儿所、幼儿园、养老院、病房楼以及人员密集的公共活动场所组合或贴邻建造。

2. 防火间距

车库之间以及车库与其他建筑物之间的防火间距不应小于表 3-19 的规定。

表 3-19　车库与民用建筑物之间的防火间距

		防火间距/m		
		民用建筑		
		一、二级	三级	四级
汽车库、修车库	一、二级	10	12	14
	三级	12	14	16
停车场		6	8	10

3.6.4 防火分隔

汽车库应设防火墙划分防火分区。每个防火分区的最大允许建筑面积应符合表 3-20 的规定。

汽车库内设有自动灭火系统时,其防火分区的最大允许建筑面积可按表 3-20 的规定增加 1 倍。

甲、乙类物品运输车的汽车库、修车库,其防火分区最大允许建筑面积不应超过 500 m²。

表 3-20 汽车库防火分区最大允许建筑面积(m²)

耐 火 等 级	单层汽车库	多层汽车库	地下汽车库或高层汽车库
一、二级	3000	2500	2000
三级	1000	不允许	不允许

修车库防火分区最大允许建筑面积不应超过 2000 m²,设有自动灭火系统的修车库,其防火分区最大允许建筑面积可增加 1 倍。

燃油、燃气锅炉、可燃油油浸电力变压器,充有可燃油的高压电容器和多油开关不宜设置在汽车库、修车库内。

自动灭火系统的设备室、消防水泵房应采用防火隔墙和耐火极限不低于 1.50 h 的不燃体楼板与相邻部位分隔。

汽车库、修车库与其他建筑合建时,应符合下列规定:

①当贴邻建造时,应采用防火墙隔开;

②设在建筑物内的汽车库(包括屋顶停车场)、修车库与其他部位之间,应采用防火墙和耐火极限不低于 2.00 h 的不燃性楼板分隔;

③汽车库、修车库的外墙门、洞口的上方,应设置耐火极限不低于 1.00 h、宽度不小于 1.0 m、长度不小于开口宽度的不燃性防火挑檐;

④汽车库、修车库的外墙上、下层开口之间墙的高度,不应小于 1.2 m 或设置耐火极限不低于 1.00 h、宽度不小于 1.0 m 的不燃性防火挑檐。

3.6.5 安全疏散

①汽车库、修车库的人员安全出口和汽车疏散出口应分开设置。设在工业建筑与民用建筑内的汽车库,其车辆疏散出口应与其他部位的人员安全出口分开设置。

②汽车库、修车库的室内疏散楼梯应设置封闭楼梯间。建筑高度超过 32 m 的高层汽车库的室内疏散楼梯应设置防烟楼梯间。

③停车场的汽车疏散出口不应少于 2 个;停车数量不大于 50 辆时,可设置 1 个。

④汽车库室内任一点至最近人员安全出口的疏散距离不应大于 45 m,当设置自动灭火系统时,其距离不应大于 60 m。对于单层或设置在建筑首层的汽车库,室内任一点至室外最近出口的疏散距离不应大于 60 m。

思　考　题

1. 生产的火灾危险性是如何分类的？
2. 储存的火灾危险性是如何分类的？
3. 建筑材料燃烧性能等级的附加信息包括哪几项？
4. 建筑耐火等级如何划分？与建筑构件的关系是怎样的？
5. 什么是防火分区？什么是防烟分区？两者有什么区别和联系？
6. 设置防火墙、防火卷帘时各应满足哪些构造要求？
7. 什么是防火阀？在哪些位置需要设置防火阀？
8. 安全出口的设置原则和要求主要有哪些？
9. 消防电梯有哪些技术要求？

第4章 建筑消防系统

建筑消防系统是建筑消防设施的重要组成部分,是防火工作的重要内容。利用消防系统可以及时扑灭火灾,使火灾损失降到最低限度。建筑物设置的消防系统主要涵盖消火栓给水系统、自动喷水灭火系统、气体灭火系统、泡沫灭火系统、灭火器设置等内容。消防给水及消火栓系统的设计、施工、验收和维护管理应遵循国家的有关方针政策,结合工程特点,采取有效的技术措施,做到安全可靠、技术先进、经济适用、保护环境。

4.1 消火栓给水系统

室外消防系统设计实例

4.1.1 室外消防给水系统

室外消防给水系统由自来水管网或消防水池等构成的水源、室外消防给水管道、室外消火栓等组成。灭火时,消防车从室外消火栓取水加压灭火,或当室外消防管网压力满足灭火要求时,也可以直接连接水带、水枪出水灭火。所以,室外消防给水系统是扑救火灾的重要消防设施之一。

1. 室外消火栓的设置场所

下列场所应设置室外消火栓:

①城镇、居住区及企事业单位;

②民用建筑、厂房及仓库;

③易燃、可燃材料露天、半露天堆场,储罐或储罐区等室外场所。

耐火等级为一、二级且体积不超过 3000 m³ 的戊类厂房或居住区人数不超过 500 人,且建筑物不超过 2 层的居住小区,可不设室外消防给水系统。

2. 室外消防给水系统分类

室外消防给水系统按管网内水压可分为高压消防给水系统、临时高压消防给水系统和低压消防给水系统三种类型。

(1) 高压消防给水系统

高压消防给水系统是指消防给水管网中最不利点的水压和流量平时能满足灭火时的需要,系统中不设消防泵和消防转输泵的消防给水系统(图 4-1)。

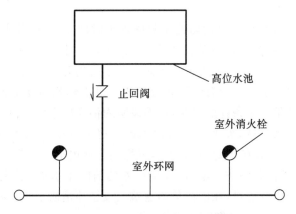

图 4-1　室外高压消防给水系统

适用条件:有可能利用地势设置高位水池或设置集中高压水泵房的低层建筑群、建筑小区、村镇建筑、汽车库等对消防水压要求不高的场所。在这种系统中,室外高位水池的供水水量和供水压力能满足室外消防的用水要求。

室外高压消防给水管道的压力应保证生产、生活、消防用水量达到最大,且水枪布置在保护范围内建筑物的最高处时,水枪的充实水柱不应小于 10 m。

室外高压消防给水系统最不利点消火栓栓口最低压力可按式(4-1)计算(图 4-2):

$$H_s = H_p + H_q + h_d \tag{4-1}$$

式中:H_s——室外管网最不利点消火栓栓口最低压力,mH_2O;

H_p——消火栓地面与最高屋面(最不利点)地形高差所需静水压,mH_2O;

H_q——充实水柱不小于 10 m,每支水枪的流量不小于 5 L/s 时,口径为 19 mm 水枪喷嘴所需要的压力,mH_2O;

h_d——一条直径 65 mm 水带的水头损失之和,mH_2O。

一般室外管网最不利点消火栓栓口最低动压力不应低于 0.25 MPa 和 0.35 MPa。

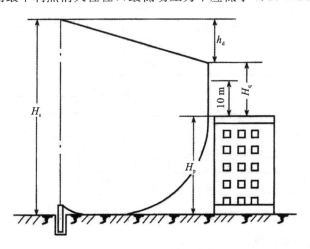

图 4-2　消火栓压力计算示意

（2）临时高压消防给水系统

临时高压消防给水系统是指消防给水管网内平时压力不高，其水压和流量不能满足最不利点的灭火要求，系统中设有消防加压水泵，一旦发生火灾，启动消防水泵，临时加压，使管网中最不利点的水压力和流量达到灭火要求的消防给水系统。

临时高压消防给水系统一般有两种布置形式。对于建筑高度不大于 21 m 的多层住宅建筑及其他一些满足一定条件的建筑，可不设室内消火栓系统，采用生活与消防合用的室外临时高压消防给水系统，即平时生活用水由泵房内的生活泵供给，消防时启动消防泵；对于设置室内消火栓系统的建筑物（群），可采用与室内消火栓系统合用的临时高压消防给水系统，即在室外设置消防水池、储存室内外的消防用水量，室外消防管网的水压和水量由室内外消防合用泵提供，在区内最高建筑处设屋顶消防水箱，保证平时室外消防管网的水压和水量要求（图 4-3 和图 4-4）。

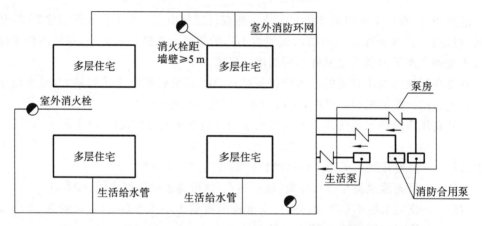

图 4-3　室内不设消火栓系统的临时高压消防给水系统示意图（消防用水与生活用水合用）

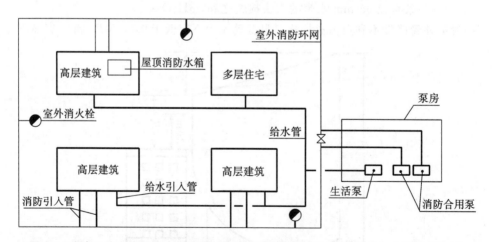

图 4-4　室内设消火栓系统的临时高压消防给水系统示意图（消防用水与生活用水分用）

（3）低压消防给水系统

室外低压消防给水系统的管网上安装的消火栓，称为低压消火栓。低压消火栓不得直接向火场供水，而是将水放进消防车的水罐内（或消防车利用吸水管和消火栓相接），通过消防车上的泵加压将水送到火场进行灭火。

有市政水源时,民用建筑的室外多采用低压消防给水系统。为了维持室外消防管网的水压以及维护管理方便和节约投资,室外消防给水管网宜与生产和生活给水管网合并使用,并利用市政管网压力维持室外消防管网的水压。同时还应将生活用水量与一次火灾的最大消防流量进行叠加,对室外管网进行水力计算校核,使管网水流速度不大于 2.5 m/s(图 4-5)。

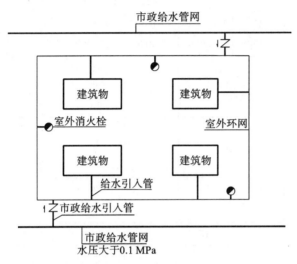

室外消防给水
系统设计实例

图 4-5 低压消防给水系统示意图

3. 室外消防用水量

①城镇、居住区的室外消防用水量应按同一时间内的火灾次数和一次灭火用水量确定,并不应小于表 4-1 的规定。

表 4-1 城镇、居住区室外消防用水量

人数/万人	同一时间内的火灾次数/次	一次灭火用水量/(L/s)
≤1.0	1	15
≤2.5		30
≤5.0	2	
≤20.0		45
≤30.0		60
≤40.0		75
≤50.0		
≤70.0	3	90
>70.0		100

②工厂、仓库、堆场、储罐(区)和民用建筑的室外消防用水量,应按同一时间内的火灾次数和一次灭火用水量确定。

a. 工厂、仓库和民用建筑一次灭火的室外消防用水量见表 4-2。

b. 工厂、仓库和民用建筑在同一时间内的火灾次数不应小于表 4-3 的规定。

③一个单位内有泡沫灭火设备、带架水枪、自动喷水灭火系统以及其他室外消防用水设备时,其室外消防用水量应按上述同时使用的设备所需的全部消防用水量加上表 4-2 规定的室外消防用水量的 50% 计算确定,且不应小于表 4-2 的规定。

表 4-2 工厂、仓库和民用建筑一次灭火的室外消防用水量(L/s)

耐火等级	建筑物类别		建筑物体积/m³					
			$V \leqslant 1500$	$1500 < V \leqslant 3000$	$3000 < V \leqslant 5000$	$5000 < V \leqslant 20000$	$20000 < V \leqslant 50000$	$V > 50000$
一、二级	厂房	甲、乙类			20	25	30	35
		丙类		15	20	25	30	40
		丁、戊类			15	15	15	20
	仓库	甲、乙类			25		—	—
		丙类		15	25		35	45
		丁、戊类			10		15	20
	住宅	普通	10	15	15	20	25	30
	公共建筑	单层、多层		15				
		高层建筑		15		25	30	40
	地下建筑(包括地铁),人防工程			15		20	25	30
	汽车库,修车库(独立)			15				20
三级	厂房、仓库	乙、丙类	15	20	30	40	45	—
		丁、戊类	15	15	15	20	25	35
	民用建筑		15	15	20	25	30	—
四级	丁戊类厂房(仓库)		15	15	20	25		
	民用建筑		15	15	20	25	—	

注:1. 室外消火栓用水量应按消防用水量最大的一座建筑物计算,成组布置的建筑物应按消防用水量较大的相邻两座计算。

2. 国家级文物保护单位的重点砖木或木结构的建筑物,其室外消火栓用水量应按三级耐火等级民用建筑的消防用水量确定。

3. 铁路车站、码头和机场的中转仓库其室外消火栓用水量可按丙类仓库确定。

表 4-3 工厂、仓库和民用建筑在同一时间内的火灾次数

名称	地基面积 /hm²	附近居住区人数/万人	同一时间内的火灾次数/次	备 注
工厂	≤100	≤1.5	1	按需水量最大的一座建筑物计算
		>1.5	2	工厂、居住区各一次
	>100	不限	2	按需水量最大的两座建筑物之和计算

续表

名称	地基面积 /hm²	附近居住区 人数/万人	同一时间内的 火灾次数/次	备　注
仓库、民用 建筑	不限	不限	1	按需水量最大的一座建筑物计算

4. 室外消防给水管道

①室外消防给水管网应布置成环状(图 4-4、图 4-5),当低层建筑和汽车库在建设初期或室外消防用水量不大于 15 L/s 时,可布置成枝状(图 4-3)。

②向环状管网输水的进水管不宜少于两条,并宜从两条市政给水管道引入(图 4-5),当其中一条进水管发生故障时,其余进水管应仍能保证全部用水量。

③环状管道应采用阀门分成若干独立段,每段内室外消火栓的数量不宜超过 5 个,当两阀门之间的消火栓数量超过 5 个时,在管网上应增设阀门。

④室外消防给水管道的直径不应小于 DN100。

进水管(市政给水管与建筑物周围生活和消防合用的给水管网的连接管)和环状管网的管径可按式(4-2)进行计算(按室外消防用水量进行校核):

$$D = \sqrt{\frac{4Q}{\pi(n-1)v}} \tag{4-2}$$

式中:D——进水管管径,m;

$\quad Q$——生活、生产和消防用水总量,m³/s;

$\quad n$——进水管的数目,$n > 1$;

$\quad v$——进水管的水流速度,m/s;一般不宜大于 2.5 m/s。

⑤当市政给水管网设有市政消火栓时,其平时运行工作压力不应小于 0.14 MPa,火灾时水力最不利市政消火栓的出流量不应小于 15 L/s,且供水压力从地面算起不应小于 0.10 MPa。

⑥室外消防给水引入管当设有倒流防止器且火灾时因其水头损失导致室外消火栓不能满足⑤的规定时,应在该倒流防止器前设置一个室外消火栓。

5. 室外消火栓

室外消火栓从投资与维护管理主体可分为市政消火栓和室外消火栓。

(1) 市政消火栓

市政消火栓有地上式和地下式两种形式。

市政消火栓宜采用地上式消火栓。地上式消火栓应有一个直径为 150 mm 或 100 mm 和两个直径为 65 mm 的栓口。地下式消火栓应有直径为 100 mm 和 65 mm 的栓口各一个,并应有明显的标志。寒冷地区设置的室外消火栓应有防冻措施。室外消火栓规格见表 4-4。

表 4-4　室外消火栓规格

类　别	型　号	参　数					
		公称压力/MPa	进水口直径/mm	出水口（栓口）		计算出水量/(L/s)	
				口径/mm	个数/个		
地上式	SS100-1.0	1.0	100	65	2	10～15	
				100	1		
	SS100-1.6	1.6	100	65	2	10～15	
				100	1		
	SS150-1.0	1.0	150	65	2	15	
				150	1		
	SS150-1.0	1.6	150	65	2	15	
				150	1		
地下式	SX100/65-1.0	1.0	100	65	1	10～15	
				100	1		
	SX100/65-1.6	1.6	100	65	1	10～15	
				100	1		

　　市政消火栓应沿道路设置，并宜靠近十字路口。当道路宽度大于 60.0 m 时，宜在道路两边设置消火栓。消火栓距路边不应大于 2.0 m 且不宜小于 0.5 m，距房屋外墙不宜小于 5.0 m，高层建筑不宜大于 40 m（图 4-6）。

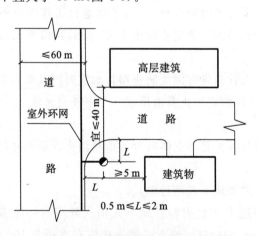

图 4-6　市政消火栓的布置示意图

　　市政消火栓的保护半径不应大于 150 m；市政消火栓的间距不应大于 120 m。

　　设有市政消火栓的给水管网平时运行工作压力不应小于 0.14 MPa，消防时水力最不利消火栓的出流量不应小于 15 L/s，且供水压力从地面算起不应小于 0.10 MPa。

（2）室外消火栓

室外消火栓一般是指企业、单位、居民区设置的消防系统,室外消火栓不仅要满足市政消火栓的技术要求,也必须满足一些特殊规定:建筑物扑救面一侧的消火栓不应少于 2 个,并沿建筑物周围均匀布置;保护半径不应大于 150 m,每个室外消火栓的出流量宜按 10～15 L/s 计算;停车场的室外消火栓宜沿停车场周边设置,且与最近一排汽车的距离不宜小于 7 m,距加油站或油库不宜小于 15 m;与保护对象的距离在 5～40 m 范围内的市政消火栓,可计入室外消火栓的数量内;每个室外消火栓的用水量应按 10～15 L/s 计算。室外地上式和地下式消火栓安装图如图 4-7 所示。

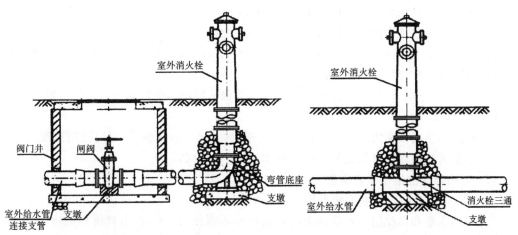

(a) SS100/65 型室外地上式消火栓支管深装　　(b) SS100/65 型室外地上式消火栓干管安装

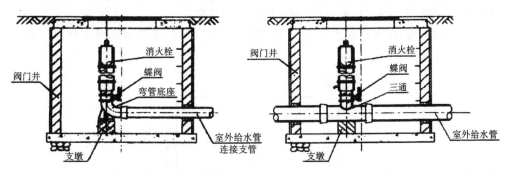

(c) SA100/65 型室外地下式消火栓支管深装　　(d) SA100/65 型室外地下式消火栓干管安装

图 4-7　室外地上式和地下式消火栓安装图

室外消火栓的数量可按式(4-3)计算:

$$N \geqslant \frac{Q_y}{q_y} \tag{4-3}$$

式中:N——室外消火栓数量,个;

　　Q_y——室外消防用水量,L/s;

　　q_y——每个室外消火栓的用水量,10～15 L/s。

室外消火栓设计实例

4.1.2 室内消火栓给水系统

室内消火栓是建筑内人员发现火灾后采用灭火器无法控制初期火灾时的有效灭火设备,但一般需要专业人员或受过训练的人员才能较好地使用和发挥作用。同时,室内消火栓也是消防人员进入建筑扑救火灾时需要使用的设备。

1. 室内消火栓的设置场所

建筑内部是否设置消火栓系统与建筑类别、规模、重要性等有关。

根据《建筑设计防火规范》,下列建筑应设置室内消火栓:

①建筑占地面积大于 300 m² 的厂房(仓库);

②高层公共建筑和建筑高度大于 21 m 的住宅建筑;

③体积大于 5000 m³ 的车站、码头、机场的候车(船、机)楼、展览建筑、商店、旅馆建筑、病房楼、门诊楼、图书馆建筑等;

④特等、甲等剧场,超过 800 个座位的其他等级的剧场和电影院等,超过 1200 个座位的礼堂、体育馆等;

⑤超过 5 层或体积大于 10000 m³ 的办公楼、教学建筑和其他单、多层民用建筑;

⑥国家级文物保护单位的重点砖木或木结构的古建筑。

2. 室内消火栓给水系统类型

(1)多层建筑消防给水系统类型

①无加压泵和高位消防水箱的室内消火栓给水系统(图 4-8):当建筑物高度不大,而室外给水管网所提供的水压和水量,在任何时候都能满足室内最不利点消火栓所需的设计水压水量时采用。特点是常高压,消火栓打开即可用。

按照国家标准,城市给水水压为 0.28 MPa,6 层以下的城市居民建筑均可以使用这种类型的消防给水系统。

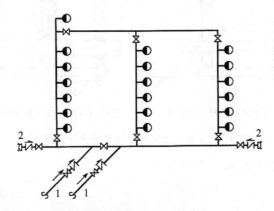

图 4-8 无加压泵和高位消防水箱的室内消火栓给水系统
1—高压(市政)管网;2—水泵接合器

②设有消防泵和高位消防水箱的室内消火栓给水系统(图 4-9):当室外给水管网的水量和水压经常不能满足室内消火栓给水系统的水量和水压要求,或室外采用消防水池作

为消防水源时,宜采用此种系统。消防水箱需储存 10 min 的消防用水量,其设置高度应保证室内最不利点消火栓的水压要求。

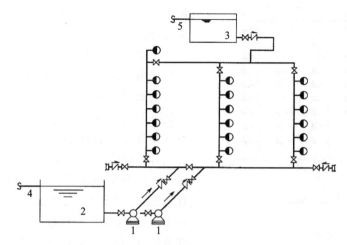

图 4-9　设有消防水泵和高位消防水箱的室内消火栓给水系统
1—消防水泵;2—水池;3—消防水箱管;4—水池进水管;5—水箱进水管

(2) 高层建筑消防给水系统类型

① 按消防给水系统服务范围分为两类。

a.独立的室内消火栓给水系统。独立的室内消火栓给水系统为每幢高层建筑均设置单独加压的消防给水系统。对人防要求较高以及重要的建筑物内,宜采用这种消防给水系统形式。其安全性高,但管理分散,投资较大。

b.区域集中消火栓给水系统。区域集中消火栓给水系统是数幢或数十幢高层建筑物共用一个加压泵房的消防给水系统。其适用于集中的高层建筑群。这种系统的特点是数幢或数十幢高层建筑共用一个消防水池和泵房,消防水泵扬程和消防水池的容积应根据建筑群中高度最高、用水量最大的建筑确定。这种系统便于集中管理、节省投资,但在地震区可靠性较低。

② 根据建筑物的高度,室内消火栓给水系统可分为不分区消防给水系统和分区的消防给水系统。

a.不分区消防给水系统。消火栓栓口的静水压力不超过 1.00 MPa 时,可采用不分区的消防给水系统(图 4-10)。这类高层建筑物一旦发生火灾,消防队使用一般消防车从室外消火栓或消防水池取水,通过水泵接合器向室内管道送水仍能加强室内管网的供水能力,协助扑救室内火灾。

b.分区消防给水系统。消火栓栓口的静水压大于 1.00 MPa 时,消防车已难以协助灭火,为保证供水安全和火场灭火用水,宜采用分区给水系统,分区方式主要有并联分区供水方式和串联分区供水方式。

并联分区供水方式,即每区分别有各自专用的消防水泵,并集中设在消防泵房内。优点是水泵相对集中于地下室或首层,管理方便、安全可靠。缺点是高区水泵扬程较大,需用高压管材与管件,对于超过消防车供水压力区域,水泵接合器将失去作用。供水的安全

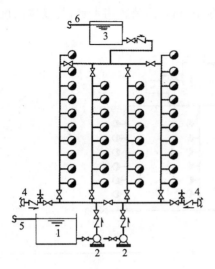

图 4-10　不分区的消防给水系统

1—水池；2—消防水泵；3—消防水箱；

4—水泵；5—水池进水管；6—水箱进水管

性不如串联的好。一般适用于建筑高度在 100 m 以内的高层建筑。并联分区供水方式可采用不同扬程的水泵进行分区，也可采用减压阀进行分区，如图 4-11 和图 4-12 所示。

串联分区供水方式，即竖向各区由消防水泵直接串联向上或经中间水箱传输再由水泵提升的间接串联给水方式，串联消防水泵设置在设备层或避难层。优点是不需要高扬程水泵和耐高压的管材、管件；可通过水泵接合器并经各传输泵向高区送水灭火。其供水可靠性比并联分区供水方式高。缺点是水泵分散在各层，管理不便；消防时下部水泵需与上部水泵联动，安全可靠性较差。一般适用于建筑高度超过 100 m，消防给水分区超过两个区的超高层建筑，如图 4-13 所示。

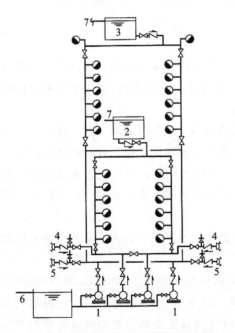

图 4-11　并联分区消防给水系统（不同扬程水泵）

1—高区消防水泵；2—低区水箱；3—高区水箱；

4—低区水泵接合器；5—高区水泵接合器；

6—水池进水管；7—水箱进水管

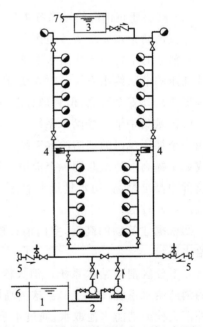

图 4-12　并联分区消防给水系统（减压阀）

1—水池；2—消防水泵；3—水箱；

4—减压阀；5—水泵接合器；

6—水池进水管；7—水箱进水管

3. 室内消火栓系统组成

室内消火栓系统一般由消火栓箱（水枪、水带、消火栓、消防按钮、消防卷盘等）、消防给水管道、消防水池、高位水箱、消防水泵、水泵接合器、消防增压设备及远距离启动消防

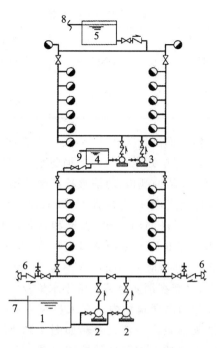

图 4-13　串联分区消防给水系统(减压阀)

1—水池;2—低区消防水泵;3—高区消防水泵;4—低区消防水箱;5—高区消防水箱;
6—低区水泵接合器;7—水池进水管;8—高区水箱进水管;9—低区水箱进水管

水泵的设备等组成。

（1）消火栓箱

消火栓箱由箱体及装于箱内的消火栓、水带、水枪、消防按钮和消防卷盘等组成。消火栓有单出口(单栓)和双出口(双栓)之分,其中单栓有 SN50 和 SN65 两种规格,双栓为 SN65 型。表 4-5 列出了部分消火栓箱的规格,表 4-6 列出了部分消火栓的配置规格。

表 4-5　SG 系列室内消火栓箱规格

类　　型	规格 L×H×C(长、宽、厚)/mm	材　　质
单栓室内消火栓箱	800×650×240(320、210)	钢、钢喷塑、钢-铝合金、钢-不锈钢
双栓室内消火栓箱	1000×700×240(280)、 800×650×210、1200×750×240	钢、钢喷塑、钢-铝合金、钢-不锈钢
单栓带消防软管 卷盘消火栓箱	1000×700×240、 800×650×240	钢、钢喷塑、钢-铝合金、钢-不锈钢
双栓带消防软管 卷盘消火栓箱	1200×750×240(280)	钢、钢喷塑、钢-铝合金、钢-不锈钢
屋顶实验用消火栓箱	800×650×240	钢、钢喷塑、钢-铝合金、钢-不锈钢
组合式消防柜	1600(1800)×700×240、 1900×750×240	钢-铝合金、钢-不锈钢

表 4-6　部分室内消火栓配置规格

每支水枪出水量	消 火 枪	龙 带	直 流 水 枪	龙 带 接 口
≥5 L/s	SN65	DN65	DN65×19(QZ19)	KD65
<5 L/s	SN50	DN50	DN50×16(QZ16) 或 DN50×13(QZ13)	KD50

消火栓栓口离地面或操作基面高度为 1.1 m,其出水方向宜向下或与设置消火栓的墙面垂直,栓口与消火栓箱内边缘的距离不应影响消防水带的连接。

消防水带有 DN65 和 DN50 两种规格,与消火栓配套使用,长度有 15 m、20 m、25 m、30 m 四种规格,水枪一般为直流式,喷口直径有 11 mm、13 mm、16 mm、19 mm 四种。

同一建筑物内应采用统一规格的消火栓、水枪和水带。每条水带的长度不应大于 25 m。消火栓设计水量一般大于 5 L/s,使用喷口直径为 16 mm 或 19 mm 的水枪,但当消火栓设计水量不大于 2.5 L/s 时,应采用喷口直径为 11 mm 或 13 mm 的水枪。

消防卷盘也称消防水喉,是装在消防竖管上带小水枪及消防胶管卷盘的灭火设备,消防卷盘是在启用室内消火栓之前供建筑物内一般人员在火灾初期灭火自救的设施,一般与室内消火栓合并设置在消火栓箱内。消火栓箱如图 4-14 所示。图中控制按钮是可以直接启动水泵和向控制中心报警的带指示灯的按钮。图 4-15 为消火栓栓口出水方向示意图。

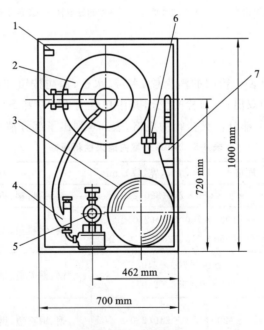

图 4-14　消火栓箱

1—控制按钮;2—水带卷盘;3—水带;4—消火栓;5—消火栓栓口;6—小口径直流开关水枪;7—大口径直流水枪

(2)室内消防给水管道

①下列场所的室内消火栓给水管网应布置成环状管网:

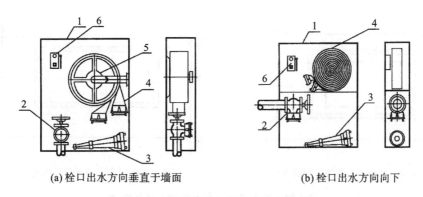

图 4-15 消火栓栓口出水方向示意图

1—消火栓箱；2—消火栓；3—水枪；4—水带；5—水带卷盘；6—消防按钮

a. 高层民用建筑和高层厂房（仓库）；

b. 当多层民用和工业建筑室内消火栓超过 10 个且室内消防用水量大于 15 L/s 时，室内消防环状管网有垂直成环和立体成环两种布置方式，可根据建筑体型、消防给水管道和消火栓具体布置情况确定，但必须保证供水干管和每条消防竖管都能双向供水（图4-16）。

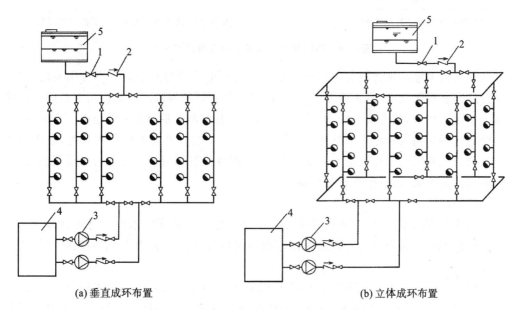

图 4-16 室内消防环网布置示意图

1—阀门；2—止回阀；3—消防水泵；4—贮水池；5—消防水箱

室内消火栓超过 10 个且室外消防用水量大于 15 L/s 时，室内消防给水管道至少应有 2 条进水管与室外环状管网或消防水泵连接。当其中一条进水管发生事故时，其余的进水管应仍能供应全部消防用水量。室内管道与室外管网的连接方式如图 4-17 所示。同时在设计时还应考虑两条进水管能够单独关闭，即在引入管上需设置阀门，图 4-18 为在消防系统引入管上加设阀门的做法。

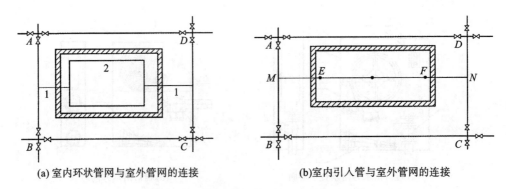

(a) 室内环状管网与室外管网的连接　　　(b)室内引入管与室外管网的连接

图 4-17　室内管道与室外管网的连接方式

ABCD—室外环状管网；1、ME、FN—进水管；2—室内环状管网；EF—室内消防管道

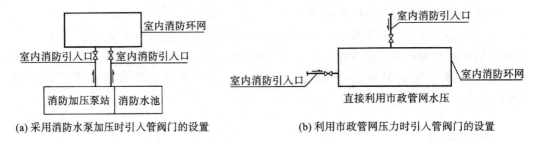

(a) 采用消防水泵加压时引入管阀门的设置　　(b) 利用市政管网压力时引入管阀门的设置

图 4-18　消防系统引入管上加设阀门的做法

②室内消火栓给水管网宜与自动喷水灭火系统的管网分开设置。当合用消防泵时，供水管路应在报警阀前（沿水流方向）分开设置。其主要是为防止消火栓用水影响自动喷水灭火系统的用水，或者消火栓平日漏水引起自动喷水灭火系统发生误报警，自动喷水灭火系统的管网与消火栓给水管网尽量分别单独设置。当分开设置确有困难时，在自动报警阀后的管道必须与消火栓给水系统管道分开，即在报警阀后的管道上禁止设置消火栓，但可共用消防水泵，以减小其相互影响。

③消防竖管。

a.消防竖管的布置，应保证同层相邻两个消火栓水枪的充实水柱同时达到被保护范围内的任何部位。每根消防竖管的直径应按通过的流量经计算确定，室内消防竖管直径不应小于 DN100。

b.对于 18 层及 18 层以下的单元式住宅或 18 层及 18 层以下、每层不超过 8 户、建筑面积不超过 650 m² 的塔式住宅，当设两根消防竖管有困难时，可设一根竖管，但必须采用双阀双出口型消火栓，如图 4-19 所示。

④消防管道上阀门的设置要求。

a.室内消防给水管道应采用阀门分成若干独立段。某段消防给水管道损坏时，每层检修停止使用的消火栓不应超过 5 个。

b.对于单层厂房（仓库）和公共建筑，检修停止使用的消火栓不应超过 5 个，也即单层厂房（仓库）的室内消防管网上两个阀门之间的消火栓数量不能超过 5 个，单层建筑内消火栓管网阀门的布置如图 4-20 所示。

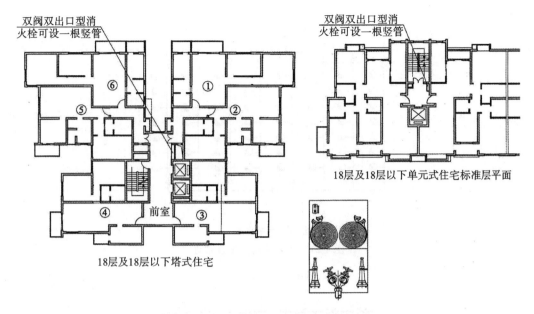

图 4-19　双阀双出口型消火栓图示及其布置方式

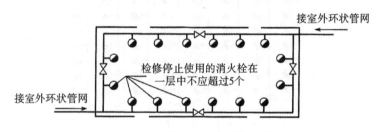

图 4-20　单层建筑内消火栓管网阀门布置

c. 对于多层民用建筑和其他厂房(仓库),室内消防给水管道上阀门的布置要设法保证其中一条竖管检修时,其余的竖管仍能供应全部消防用水量,即应保证检修管道时关闭的竖管不超过 1 根,但设置的竖管超过 3 根时,可关闭 2 根。对于高层民用建筑,当竖管超过 4 根时,可关闭不相邻的 2 根。阀门的布置如图 4-21 和图 4-22 所示,而图 4-23 所示的阀门布置方式是不可取的,因为如需维修虚线框中的立管,将会影响到右侧竖管的供水,无法保证消防的安全需要。

d. 每根竖管与供水横干管相接处应设置阀门,阀门应保持常开,并应有明显的启闭标志或信号。

⑤消防给水管的管材。

当消防用水与生活用水合并时,应采用衬塑镀锌钢管;当为消防专用时,一般采用无缝钢管、热镀锌钢管、焊接钢管。但工作压力超过 1.0 MPa 时,应采用无缝钢管或镀锌无缝钢管。

(3) 消防水箱

①消防水箱的设置要求。

消防水箱是保证室内消防给水设备扑灭初期火灾的水量和水压的有效设备,应满足

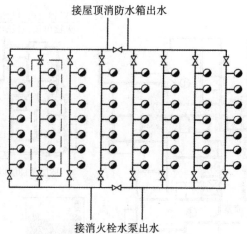

图 4-21　消火栓阀门垂直布置

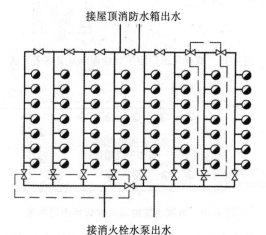

图 4-22　消火栓阀门水平与垂直布置

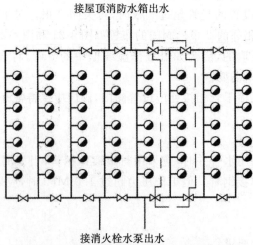

图 4-23　消火栓阀门水平布置的错误做法

以下设置要求。

a. 设置常高压消防给水系统并能保证最不利点消火栓和自动喷水灭火系统等的水量和水压的建筑物,或设置干式消防竖管的建筑物,可不设置消防水箱。

因为常高压给水系统一般能满足灭火时管道内以及建筑内任一处消火栓的水量和水压要求,可不设消防水箱。但当常高压给水系统不能满足此要求时,仍需要设置消防水箱。干式消防竖管系统平时管道内无水,灭火时依靠消防队向管道内加压供水,可不设消防水箱。

b. 设置临时高压消防给水系统的建筑物应设置消防水箱(包括气压水罐、水塔、分区给水系统的分区水箱等)。

c. 消防水箱应与生活饮用水水箱分开设置。

d. 消防水箱应利用生产或生活给水管补水,严禁采用消防水泵补水。发生火灾后,由消防水泵供给的消防用水不应进入消防水箱。为此消防水箱消防用水的出水管应设置止回阀,目的是避免火灾时消防泵出水经管网进入水箱,造成消防管网泄压,从而不能保证火灾时消火栓所需的水压和水量。

②消防水箱的有效容积。

a. 多层民用建筑和工业建筑:消防水箱应储存 10 min 的消防用水量。当室内消防用水量不大于 25 L/s,经计算消防水箱所需的消防储水量大于 12 m³时,仍可采用 12 m³;当室内消防用水量大于 25 L/s,经计算消防水箱所需的消防储水量大于 18 m³时,仍可采用 18 m³。

b. 高层民用建筑:一类公共建筑不应小于 18 m³;二类公共建筑和一类居住建筑不应小于 12 m³;二类居住建筑不应小于 6 m³。

c. 高层建筑群:当同一时间内只考虑一次火灾时,可共用消防水箱,其容积应按消防用水量最大的一幢高层建筑计算。

③设置高度。

a. 多层建筑:消防水箱应尽量采用重力自流式,并设置在建筑物的顶部(最高部位),且要求能满足最不利点消火栓栓口静压的要求。

b. 高层民用建筑:高位消防水箱的设置高度应保证最不利点消火栓静水压力;当建筑高度不超过 100 m 时,高层建筑最不利点消火栓静水压力不应低于 0.07 MPa;当建筑高度超过 100 m 时,高层建筑最不利点消火栓静水压力不应低于 0.15 MPa;当高位消防水箱不能满足上述静压要求时,应设增压设施。

c. 高层建筑群:高位水箱应设置在高层建筑群内最高的一幢高层建筑的屋顶最高处。

在设置消防水箱时应注意以下几点:水箱应尽量设置在建筑物的最高处,消防水箱容积应满足水量的要求;水箱的设置高度应保证最不利点消火栓静水压力;消防水箱出水管上应设止回阀。

4. 室内消火栓的布置

(1)室内消火栓的设计原则

除无可燃物的设备层外,设置室内消火栓的建筑物,其各层均应设置消火栓。

（2）室内消火栓的设置位置

①室内消火栓应设置在走道、楼梯附近等明显且易于取用的部位。

②消防电梯间前室内应设置消火栓。

③冷库内的消火栓应设置在常温穿堂或楼梯间内。

④单元式、塔式住宅的消火栓宜设置在楼梯间的首层和各层楼层休息平台上，当设 2 根消防竖管确有困难时，可设 1 根消防竖管，但必须采用双阀双出口型消火栓；干式消火栓竖管应在首层靠出口部位设置便于消防车供水的快速接口和止回阀。

⑤如为平屋顶，宜在平屋顶上设置试验和检查用的消火栓。

（3）消火栓的间距和允许采用的水枪充实水柱数

室内消火栓的布置应保证每一个防火分区同层有两支水枪的充实水柱同时到达任何部位。建筑高度不大于 24.0 m 且体积不大于 5000 m^3 的多层仓库，可采用 1 支水枪充实水柱到达室内任何部位。

室内消火栓的间距应由计算确定。高层建筑、高层厂房（仓库）、高架仓库和甲、乙类厂房中室内消火栓的间距不应大于 30.0 m；其他单层和多层建筑、高层建筑中的裙房，室内消火栓的间距不应大于 50.0 m。

①两股水柱时的消火栓间距的计算。

a.室内只设有一排消火栓时的布置如图 4-24 所示，消火栓的间距可按式（4-4）计算：

$$S_1 = \sqrt{R^2 - b^2} \tag{4-4}$$

式中：S_1——一排消火栓布置两股水柱时的消火栓间距，m；

　　　R——消火栓的保护半径，m；

　　　b——消火栓的最大保护宽度，m。

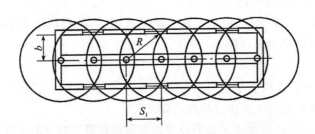

图 4-24　单排布置两股水柱时的消火栓布置间距

室内需要多排消火栓时，其布置如图 4-25 所示。

b.一股水柱时的消火栓间距的计算。

Ⅰ.室内只设一排消火栓时的布置如图 4-26 所示，消火栓的间距可按式（4-5）计算：

$$S_2 = 2\sqrt{R^2 - b^2} \tag{4-5}$$

式中：S_2——一排消火栓布置一股水柱时的消火栓间距，m。

Ⅱ.室内宽度较宽，需要布置多排消火栓时，其布置如图 4-27 所示，消火栓的间距可按式（4-6）计算：

$$S_n = \sqrt{2}R \tag{4-6}$$

式中：S_n——多排消火栓布置一股水柱时的消火栓间距，m。

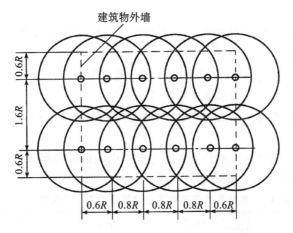

图 4-25　多排布置两股水柱时的消火栓布置间距

c.室内消火栓保护半径的计算。

室内消火栓保护半径按式(4-7)计算：

$$R = L_d + L_s \qquad\qquad (4-7)$$

式中：R——消火栓保护半径，m；

　　L_d——水带铺设长度，按水带长度乘以折减系数 0.8 计算，m；

　　L_s——水枪充实水柱长度在平面上的投影长度(m)，当水枪倾角为 45°时，$L_s = 0.71$ S_k，其中 S_k 为水枪充实水柱长度，m。

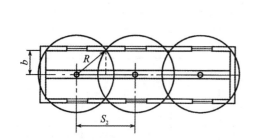

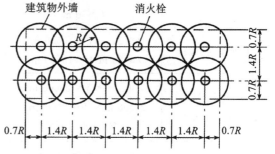

图 4-26　一排布置一股水柱时的消火栓布置间距　　**图 4-27　多排布置一股水柱时的消火栓布置间距**

②水枪的充实水柱应经计算确定。

建筑高度不超过 100 m 的高层建筑，甲、乙类厂房，层数超过 6 层的公共建筑和层数超过 4 层的厂房(仓库)，充实水柱不应小于 10.0 m，建筑高度超过 100 m 的高层建筑、高层厂房(仓库)、高架仓库和体积大于 25000 m³ 的商店、体育馆、影剧院、会堂、展览建筑、车站、码头、机场建筑等，充实水柱不应小于 13.0 m；其他建筑，充实水柱不宜小于 7.0 m。

5. 室内消防用水量

室内消防用水量应按下列规定经计算确定。

①建筑物内同时设置室内消火栓系统、自动喷水灭火系统、水喷雾灭火系统、泡沫灭火系统或固定消防炮灭火系统时，其室内消防用水量应按需要同时开启的上述系统用水量之和计算；当上述多种消防系统需要同时开启时，室内消火栓用水量可减少 50%，但不

得小于 10 L/s。

②室内消火栓用水量应根据水枪充实水柱长度和同时使用水枪数量经计算确定,且不应小于表 4-7 的规定。

③高层建筑内设有消火栓、自动喷水、水幕、泡沫等灭火系统时,其室内消防用水量应按需要同时开启的灭火系统用水量之和计算。

④高层建筑的消防用水总量应按室内、外消防用水量之和计算,且不应小于表 4-8 的规定。

⑤各类建筑的一次消防用水总量应为各灭火设施的消防用水量和火灾延续时间的乘积的叠加,各类建筑物的火灾延续时间见表 4-9。

表 4-7　多层民用建筑和工业建筑物的室内消火栓用水量

建筑物名称	高度 h、层数、体积 V 或座位数 n		消火栓用水量/(L/s)	同时使用水枪数量/支	每根竖管最小流量/(L/s)
厂房	$h \leqslant 24$ m	$V \leqslant 10000$ m³	5	2	5
		$V > 10000$ m³	10	2	10
	24 m $< h \leqslant 50$ m		25	1	5
			30	2	10
仓库	$h \leqslant 24$ m	$V \leqslant 5000$ m³	5	6	5
		$V > 5000$ m³	10	8	10
	24 m $< h \leqslant 50$ m		30	6	15
	$h > 50$ m		40	8	15
科研楼、实验室	$h \leqslant 24$ m, $V \leqslant 10000$ m³		10	2	10
	$h \leqslant 20$ m, $V > 10000$ m³		15	3	10
车站、码头、机场楼和展览建筑等	5000 m³ $< V \leqslant 25000$ m³		10	2	10
	25000 m³ $< V \leqslant 50000$ m³		15	3	10
	$V > 50000$ m³		20	4	15
剧院、电影院、会堂、礼堂、体育馆等	800 个 $< n \leqslant 1200$ 个		10	2	10
	1200 个 $< n \leqslant 5000$ 个		15	3	10
	5000 个 $< n \leqslant 10000$ 个		20	4	15
	$n > 10000$ 个		30	6	15
商店、旅馆等	5000 m³ $< V \leqslant 10000$ m³		10	2	10
	10000 m³ $< V \leqslant 25000$ m³		15	3	10
	$V > 25000$ m³		20	4	15
病房、门诊楼等	5000 m³ $< V \leqslant 10000$ m³		5	2	5
	10000 m³ $< V \leqslant 25000$ m³		10	2	10
	$V > 25000$ m³		15	3	10

建筑物名称	高度 h、层数、体积 V 或座位数 n	消火栓用水量/(L/s)	同时使用水枪数量/支	每根竖管最小流量/(L/s)
办公室、教学楼等其他建筑	层数≥6 层或 $V>10000$ m³	15	3	10
国家级文物保护单位的重点砖木结构的古建筑	$V \leqslant 10000$ m³	20	4	10
	$V>10000$ m³	25	5	15
住宅	层数≥8 层	5	2	5

注:1. 丁、戊类高层厂房(仓库)室内消火栓的用水量可按本表减少 10 L/s,同时使用水枪数量可按本表减少 2 支。

2. 消防软管卷盘或轻便消防水龙及住宅楼梯间中的干式消防竖管上设置的消火栓,其消防用水量可不计入室内消防用水量。

表 4-8　高层民用建筑室内、外消火栓给水系统的用水量

高层建筑类别	建筑高度/m	消火栓用水量/(L/s)		每根竖管最小流量/(L/s)	每支水枪最小流量/(L/s)
		室外	室内		
普通住宅	≤50	15	10	10	5
	>50	15	20	10	5
1. 高级住宅;2. 医院;3. 二类建筑的商业楼、展览楼、综合楼、财贸金融楼、电信楼、商住楼、图书馆、书库;4. 省级以下的邮政楼、防灾指挥调度楼、广播电视楼、电力调度楼;5. 建筑高度不超过 50 m 的教学楼和普通的旅馆、办公楼、科研楼、档案楼等	≤50	20	20	10	5
	>50	20	30	15	5
1. 高级旅馆;2. 建筑高度超过 50 m 或每层建筑面积超过 1000 m² 的商业楼、展览楼、综合楼、财贸金融楼、电信楼;3. 建筑高度超过 50 m 或每层建筑面积超过 1500 m² 的商住楼;4. 中央和省级广播电视楼;5. 网局级和省级电力调度楼;6. 省级邮政楼、防灾指挥调度楼;7. 藏书超过 100 万册的图书馆、书库;8. 重要的办公楼、科研楼、档案楼;9. 建筑高度超过 50 m 的教学楼和普通的旅馆、办公楼、科研楼、档案楼等	≤50	30	30	15	5
	>50	30	40	15	5

注:建筑高度不超过 50 m,室内消火栓用水量超过 20 L/s,且设有自动喷水灭火系统的建筑物,其室内、外消防用水量可按本表减少 5 L/s。

6．室内消火栓系统设计计算

室内消火栓系统设计计算步骤：

①确定消火栓消防用水量和火灾延续时间；

②消防给水管网的水力计算；

③室内消火栓的减压计算；

④消防给水系统增压设备的计算和选用。

表 4-9　不同场所的火灾延续时间

建筑类别		场所名称		火灾延续时间/h
厂房、仓库		丁、戊类厂房（仓库）		2.0
		甲、乙、丙类厂房（仓库）		3.0
民用建筑	多层民用建筑	公共建筑、居住建筑		2.0
	高层民用建筑	商业楼、展览楼、综合楼、一类建筑的财贸金融楼、图书馆、书库、重要的档案楼、科研楼和高级旅馆		3.0
		其他高层建筑		2.0
自动喷水灭火系统		一般自动喷水灭火系统、水幕		1.0
		局部应用系统		0.5
		水喷雾灭火系统	扑灭固体火灾	1.0
			扑灭液体火灾	0.5
			扑灭电气火灾	0.4

（1）消火栓消防用水量和火灾延续时间的确定

根据表 4-7、表 4-8 和表 4-9 可分别确定出不同类型建筑物的消火栓用水量和火灾延续时间，进而计算出消防水池及消防水箱的容积。

①消防水池的容积计算。

消防水池的容积按式(4-8)计算：

$$V = (Q_x - Q_p) \times t \times 3.6 \qquad (4\text{-}8)$$

式中：V——消防水池有效容积，m^3；

　　Q_x——室内、外消防用水总量，L/s；

　　Q_p——在火灾延续时间内可连续补充的水量，L/s；

　　t——火灾延续时间，h。

**消防水池
设计实例**

②消防水箱有效容积的确定。

a.高层建筑：一类公共建筑消防水箱有效容积确定为 18 m^3；二类公共建筑和一类居住建筑为 12 m^3；二类居住建筑为 6 m^3。

b.多层建筑：消防水箱应贮存 10 min 的消防用水量；当室内消防用水量不大于 25 L/s，经计算大于 12 m^3，消防水箱有效容积可确定为 12 m^3；当室内消防用水量大于 25 L/s，经计算大于 18 m^3，仍取 18 m^3。

c.多层建筑消防水箱容积按式(4-9)计算：

$$V_1 = 10 \times Q_s \times \frac{60}{1000} \tag{4-9}$$

式中:V_1——消防水箱有效容积,m^3;

　　Q_s——室内消防用水总量,L/s。

（2）消防给水管网水力计算

①消防给水管网管径的确定。

选定建筑物最高、最远的两个或多个消火栓作为计算最不利点。根据室内消火栓消防用水量,按表 4-10 的规定进行各竖管的流量分配。即可按流量公式 $Q = 1/4\pi \times d^2 \times v$ 选定流速,可计算出各管段的管径,或查水力计算表确定管径。消防管道内水的流速不宜大于 2.5 m/s。每根消防竖管的管径不应小于 100 mm。

表 4-10　消火栓最不利点计算流量分配

多 层 建 筑				高 层 建 筑			
室内消防流量（水枪数×每支流量）/(L/s)	消防竖管出水枪数/支			室内消防流量（水枪数×每支流量）/(L/s)	消防竖管出水枪数/支		
	最不利竖管	次不利竖管	第三不利竖管		最不利竖管	次不利竖管	第三不利竖管
5＝1×5	1			10＝2×5	2		
5＝2×2.5	2			20＝4×5	2	2	
10＝2×5	2			30＝6×5	3	3	
15＝3×5	2	1		40＝8×5	3	3	2
20＝4×5	3	1					
25＝5×5	3	2					
30＝6×5	3	3					
40＝8×5	3	3	2				

注:1. 出两支水枪的竖管,如设置双出口消火栓,最上层按双出口消火栓进行计算;

2. 出三支水枪的竖管,如设置双出口消火栓,最上层按两支消火栓加相邻下一层一支水枪进行计算。

②最不利消火栓栓口所需压力计算。

最不利消火栓栓口所需水压,按式(4-10)计算:

$$H_{xh} = h_d + H_q + H_{sk} = A_d L_d q_{xh}^2 + \frac{q_{xh}^2}{B} + H_{sk} \tag{4-10}$$

式中:H_{xh}——最不利点消火栓栓口所需压力,kPa;

　　h_d——消防水带的水头损失,kPa;

　　H_q——水枪喷嘴造成一定长度的充实水柱所需压力,kPa;

　　A_d——水带的比阻,按表 4-11 选用;

　　L_d——水带的长度,m;

　　q_{xh}——水枪喷嘴射出流量,L/s;

　　B——水枪水流特性系数,见表 4-12;

　　H_{sk}——消火栓栓口水头损失,宜取 20 kPa。

表 4-11 水带比阻 A_d 值

水带口径/mm	比阻 A_d 值	
	尼龙帆布或麻质帆布水带	衬胶的水带
50	0.01501	0.00677
65	0.00430	0.00172

表 4-12 水枪水流特性系数 B 值

水枪喷嘴直径/mm	13	16	19	22
B 值	0.346	0.793	1.577	2.834

其中水枪喷嘴处所需压力按式(4-11)计算:

$$H_q = \frac{10\alpha_f H_m}{1 - \psi\,\alpha_f H_m} \tag{4-11}$$

式中:H_m——充实水柱长度,m;

　　　ψ——阻力系数,与水枪喷嘴口径(d_f)有关,见表 4-13。

　　　α_f——实验系数,与充实水柱长度(H_m)有关,见表 4-14。

表 4-13 系数 ψ 值

d_f/mm	13	16	19
ψ	0.0165	0.0124	0.0097

表 4-14 系数 α_f 值

H_m/m	6	8	10	12	16
α_f	1.19	1.19	1.2	1.21	1.24

水枪喷嘴射出流量按式(4-12)计算:

$$q_{xh} = \sqrt{BH_q} \tag{4-12}$$

不同的充实水柱有不同的压力和流量,表 4-15 表示了不同喷嘴口径的直流水枪与其充实水柱长度 H_m、水枪喷嘴所需压力 H_q 及喷嘴出流量 q_{xh} 之间的关系。

表 4-15 充实水柱长度、水枪喷嘴所需压力及喷嘴出流量的关系

充实水柱 H_m/m	水枪喷口直径/mm					
	13		16		19	
	H_q/mH$_2$O	q_{xh}/(L/s)	H_q/mH$_2$O	q_{xh}/(L/s)	H_q/mH$_2$O	q_{xh}/(L/s)
6	8.1	1.7	7.8	2.5	7.7	3.5
8	11.2	2.0	10.7	2.9	10.4	4.1
10	14.9	2.3	14.1	3.3	13.6	4.5
12	19.1	2.6	17.7	3.8	16.9	5.2
14	23.9	2.9	21.8	4.2	20.6	5.7
16	29.7	3.2	26.5	4.6	24.7	6.2

③计算最不利管路的水头损失。

a.室内消火栓管网为环状管网,在进行水力计算时,宜把消火栓管网简化为枝状管网计算。

b.选取最不利消防竖管,按流量分配原则分别对最不利竖管上的消火栓进行流量和出口压力计算。

c.消火栓给水系统横干管的流量应为消火栓用水量。

d.消防管道沿程水头损失的计算方法与给水管道相同,管道的局部阻力损失通常可按沿程水头损失的10%计算。

④消火栓泵流量和扬程的确定。

a.消火栓泵供水流量应不小于室内消火栓用水量。

b.消火栓泵扬程可按式(4-13)计算:

$$H_b \geqslant H_{xh} + H_h + H_z \tag{4-13}$$

式中:H_b——消火栓泵的扬程,mH_2O;

　　H_{xh}——最不利消火栓栓口所需压力,mH_2O;

　　H_h——消火栓管道沿程和局部水头损失之和,mH_2O;

　　H_z——消防水池最低水位与最不利消火栓之间的几何高差,mH_2O。

⑤水箱设置高度的确定。

水箱的设置高度应按照 4.1.2 节中消防水箱的设置高度的相关内容进行设计。

水箱的设置高度可按式(4-14)计算:

$$H \geqslant H_q \tag{4-14}$$

式中:H——水箱与最不利消火栓之间的垂直高度,mH_2O;

　　H_q——最不利点消火栓静水压力,当建筑高度不大于 100 m 时,H_q取 7 mH_2O;当建筑高度大于 100 m 时,H_q取 15 mH_2O。

(3)室内消火栓的减压计算

消火栓栓口压力过大会带来两个方面的不利影响:一是使出水压力增大,水枪的反作用力加大,使人难以操作;二是出水压力增大,消火栓出水量也增大,将会使消防水箱的储水量在较短时间内被用完。因此,消除消火栓栓口的剩余水压是十分必要的。

当消火栓栓口的出水压力大于 0.50 MPa 时,消火栓处应采用减压稳压消火栓或减压孔板进行减压。经减压后消火栓栓口的出水压力应在 $H_{xh} \sim 0.50$ MPa 之间(H_{xh}为消火栓栓口要求的最小灭火水压)。

各层消火栓栓口剩余压力按式(4-15)计算:

$$H_{xhb} = H_b - H_i - h_z - \Delta h \tag{4-15}$$

式中:H_{xhb}——计算层最不利点消火栓栓口剩余压力,mH_2O;

　　H_b——消防水泵的扬程,mH_2O;

　　H_i——计算层最不利点消火栓栓口处所需水压,mH_2O;

　　h_z——消防水箱最低水位或消防水泵与室外给水管网连接点至计算层消火栓栓口几何高差,mH_2O;

　　Δh——水经水泵到计算层最不利点消火栓之间管道的沿程和局部水头损失,mH_2O。

（4）消火栓给水系统的增压设备

在高层建筑中，当水箱的设置高度不能满足最不利点消火栓静水压力（建筑高度超过 100 m，消火栓静水压力应大于 0.15 MPa；建筑高度不超过 100 m，消火栓静水压力应大于 0.07 MPa）的要求时，常采用稳压泵加气压水罐的增压措施。

由 4.1.2 节增压设备相关内容可知，用于消火栓给水系统的增压设备在平时是由稳压补水泵按整定的启闭压力 P_{s1} 和 P_{s2} 自动地反转运转，维持系统消防水压，保证罐内的启动容积。遇有火灾时，打开消火栓阀门就有足够压力、足够流量的水柱由水枪射出。随着水枪的喷射，罐体压力逐渐下降，当降至 P_2 时，消防泵立即启动并切断压力传感仪表的信号电路，30 s 后关闭电磁阀，切断气压水罐与系统间的联系，使消防水泵直接供应消防用水。待灭火工作完毕，以手动方式关闭消防水泵，使电磁阀复位，电力控制柜又以自动方式控制稳压补水泵维持日常运转。

在增压设备中，气压水罐既是信号设备，又是启动设备，它在系统中的任何部位都能发挥应有的作用。设置在消防给水系统底部的气压水罐，称为下置式气压水罐；设置在消防给水系统上部的气压水罐，称为上置式气压水罐，气压水罐设置位置不同，其罐体的充气压力及水泵的启闭压力也不同。

①气压水罐的容积可按式（4-16）计算：

$$V = \frac{\beta V_{xf}}{1 - \alpha_b} \tag{4-16}$$

式中：V——消防气压水罐总容积，m^3；

    V_{xf}——消防水总容积，等于启动容积（V_x）、稳压水容积（V_s）、缓冲水容积（$V_{\Delta P}$）之和，补气式气压罐还要加上保护容积（V_o），m^3；

    β——气压水罐的容积系数，其值如下：立式气压水罐 1.10；卧式气压水罐 1.25；隔膜式气压水罐 1.05。

    α_b——工作压力比，宜为 0.5～0.9。

启动容积 V_x 为：消火栓给水系统不少于 300 L；自动喷水灭火系统不少于 150 L；消火栓给水系统与自动喷水灭火系统合用时不少于 450 L。稳压水容积 V_s 不少于 50 L。

②当增压设备为下置式时，消火栓给水系统所需的消防压力可按式（4-17）～式（4-20）计算：

$$P_1 = H_1 + H_2 + H_3 + H_4 \tag{4-17}$$

$$P_2 = \frac{P_1 + 0.098}{1 - \frac{\beta V_x}{V}} \tag{4-18}$$

$$P_{s1} = P_2 + 0.02 \tag{4-19}$$

$$P_{s2} = P_{s1} + 0.05 \tag{4-20}$$

式中：P_1——气压罐的充气压力，指消防给水系统最不利点消火栓所需的消防压力，mH_2O；

    P_2——消防泵的启动压力，mH_2O；

    H_1——自水池最低水位至最不利点消火栓的几何高度，mH_2O；

    H_2——管道系统的沿程及局部压力损失之和，mH_2O；

    H_3——水龙带及消火栓本身的压力损失，mH_2O；

H_4——水枪喷射充实水柱长度所需压力，mH_2O；

P_{s1}——稳压补水泵的启动压力，MPa；

P_{s2}——稳压补水泵的停闭压力，MPa。

③当增压设备为上置式时，消火栓给水系统所需的消防压力可按式（4-21）计算。

$$P_1 = H_3 + H_4 \qquad (4-21)$$

④若增压设备为下置式，消防给水系统自动喷水头所需的消防压力为：

$$P_1 = \sum H + H_0 + H_r + Z \qquad (4-22)$$

式中：$\sum H$——自动喷水管道至最不利点喷头的沿程和局部压力损失之和，mH_2O；

H_0——最不利点喷头的工作压力，mH_2O；

H_r——报警阀的局部水头损失，mH_2O；

Z——最不利点喷头与水池最低水位（或供水干管）之间的几何高度，mH_2O。

⑤若增压设备为上置式，且最不利点喷头低于设备时，自动喷水灭火系统计算公式为：

$$P_1 = \sum H + H_0 + H_r \qquad (4-23)$$

⑥稳压补水泵的流量 Q：消火栓专用时，$Q=5$ L/s；自动喷水灭火系统专用时，$Q=1$ L/s。稳压补水泵的扬程的确定，当稳压补水泵与气压罐设置在同一场所时，与气压罐的压力 P_1 计算方法相同；当气压水罐与稳压补水泵分别设置在其他场所时，则 P_1 应另行计算。

消火栓给水系统
设计实例分析

4.2 自动喷水灭火系统

4.2.1 自动喷水灭火系统的特点

自动喷水灭火系统是一种在发生火灾时，能自动打开喷头喷水灭火，同时发出火警信号的固定式灭火系统。这种灭火系统是当今世界上公认的最为有效的自救灭火设施，是应用最广泛、用量最大的自动灭火系统。

当室内发生火灾后，火焰和热气流上升至吊顶，吊顶内的火灾探测器因光、热、烟等作用报警。当温度继续升高到设定温度时，喷头自动打开喷水灭火。自动喷水灭火系统有以下特点：

①火灾初期自动喷水灭火，着火面积小，用水量小；

②系统灵敏度和灭火成功率较高，损失小，无人员伤亡；

③目的性强，直接面对着火点，灭火迅速，不会蔓延；

④工程造价高。

从灭火的效果来看，凡发生火灾时可以用水灭火的场所，均可以采用自动喷水灭火系统，所以其适用于各类民用建筑和工业建筑，但不适用于存在较多下列物品的场所：

①遇水发生爆炸或加速燃烧的物品；

②遇水发生剧烈化学反应或产生有毒有害物质的物品；

③洒水将导致喷溅或沸溢的液体。

4.2.2 自动喷水灭火系统火灾危险等级

1. 火灾危险等级划分的依据

应根据火灾荷载（由可燃物的性质、数量及分布状况决定）、室内空间条件（面积、高度等）、人员密集程度、采用自动喷水灭火系统扑救初期火灾的难易程度以及疏散及外部增援条件等因素，划分自动喷水灭火系统设置场所的火灾危险等级。

建筑物内存放物品的性质、数量以及其结构的疏密、包装和分布状况，将决定火灾荷载及发生火灾时的燃烧速度与放热量，是划分自动喷水灭火系统设置场所火灾危险等级的重要依据。

2. 设置场所火灾危险等级

自动喷水灭火系统设置场所火灾危险等级划分为四级，分别为：

①轻危险级；

②中危险级：Ⅰ级，Ⅱ级；

③严重危险级：Ⅰ级，Ⅱ级；

④仓库危险级：Ⅰ级，Ⅱ级，Ⅲ级。

当建筑物内各场所的使用功能、火灾危险性或灭火难度存在较大差异时，宜按各自的实际情况确定系统选型与火灾危险等级。自动喷水灭火系统火灾危险等级的划分见表4-16。

表 4-16　自动喷水灭火系统设置场所火灾危险等级的划分及举例

火灾危险等级	设置场所举例		设置场所的特点
轻危险级	建筑高度为24 m及以下的旅馆、办公楼；仅在走道设置闭式系统的建筑		可燃物品较少、可燃性低、火灾发热量低、疏散容易
中危险级	Ⅰ级	① 高层民用建筑：旅馆、办公楼、综合楼、邮政楼、金融电信楼、指挥调度楼、广播电视楼等；② 公共建筑（含单、多、高层）：医院、疗养院；图书馆（书库除外）、档案馆、展览馆；影剧院、音乐厅和礼堂（舞台除外）及其他娱乐场所；火车站和飞机场及码头的建筑；总建筑面积小于5000 m²的商场，总建筑面积小于1000 m²的地下商场等；③ 文化遗产建筑：木结构古建筑、国家文物保护单位等；④ 工业建筑：食品、家用电器、玻璃制品等工厂的备料与生产车间等；冷藏库、钢屋架等建筑构件	内部可燃物数量中等、可燃性中等、火灾初期不会引起剧烈燃烧的场所。（大部分民用建筑和工业厂房划归中危险级，大规模商场列入中危险级Ⅱ级）
	Ⅱ级	① 民用建筑：书库、舞台（葡萄架除外）、汽车停车场、总建筑面积5000 m²及以上的商场、总建筑面积1000 m²及以上的地下商场；净空高度不超过8 m、物品高度不超过3.5 m的自选商场；② 工业建筑：棉毛麻丝及化纤的纺织、织物及制品、皮革及制品、木材木器及胶合板、谷物加工、烟草及制品、饮料酒、制等工厂的备料与生产车间	

火灾危险等级		设置场所举例	设置场所的特点
严重危险级	Ⅰ级	印刷厂,酒精制品、可燃液体制品等工厂的备料与车间;净空高度不超过 8 m,物品高度超过 3.5 m 的自选商场等	火灾危险性大、可燃物品数量多、火灾时容易引起燃烧并可能迅速蔓延的场所
	Ⅱ级	易燃液体喷雾操作区域,固体易燃物品、可燃的气溶胶制品、溶剂清洗、喷涂、油漆、沥青制品等工厂的备料及生产车间;摄影棚、舞台葡萄架下部	
仓库危险级	Ⅰ级	食品、烟酒以及用木箱、纸箱包装的不燃或难燃物品等	
	Ⅱ级	木材、纸、皮革、谷物及制品;棉毛麻丝化纤及制品、家用电器、电缆、B 组塑料与橡胶及其制品、钢塑混合材料制品、各种塑料瓶盒包装的不燃物品、各类物品混杂储存的仓库	
	Ⅲ级	A 组塑料与橡胶及其制品、沥青制品等	

注:表中的 A、B 组塑料橡胶的举例见《自动喷水灭火系统设计规范》。

4.2.3　自动喷水灭火系统的分类

自动喷水灭火系统的分类根据被保护场所的气象条件、对被保护场所的保护目的、可燃物类别和火灾燃烧特性、空间环境和喷头特性等因素综合确定。常用的自动喷水灭火系统可分为闭式自动喷水灭火系统和开式自动喷水灭火系统,如图 4-28 所示。

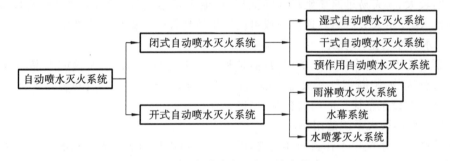

图 4-28　自动喷水灭火系统分类

闭式自动喷水灭火系统可分为湿式自动喷水灭火系统、干式自动喷水灭火系统、预作用自动喷水灭火系统等,是采用带温感释放器的闭式洒水喷头的自动喷水灭火系统,失火时热气流溶化喷头的温感释放器而进行洒水灭火。

闭式系统中的湿式自动喷水灭火系统在准工作状态时管道内充满用于启动系统的有压水;干式自动喷水灭火系统在准工作状态时配水管道内充满用于启动系统的有压气体;预作用自动喷水灭火系统在准工作状态时配水管道内不充水,由火灾自动报警系统自动开启雨淋阀后,转换为湿式自动喷水灭火系统。

闭式自动喷水灭火系统适用于一般可燃物的场所,对扑灭初期火灾和控制火势十分有效。

开式自动喷水灭火系统是采用开式洒水喷头的自动喷水灭火系统,当发生火灾时,由联控装置启动系统,在失火区域的所有喷头同时洒水灭火,或隔断火源。

开式自动喷水灭火系统中的雨淋喷水灭火系统,由火灾自动报警系统或传动管控制,发生火灾时,能自动开启雨淋报警阀并启动供水泵向开式喷头供水;水幕系统主要用于挡烟阻火和冷却分隔物;水喷雾灭火系统是利用水喷雾喷头把水粉碎成细小的水雾滴之后喷射到正在燃烧的物质表面而实现灭火。该系统常用于容易瞬间形成大面积火灾的场所。

4.2.4 自动喷水灭火系统的选择

1. 闭式自动喷水灭火系统的适用场所

三种闭式自动喷水灭火系统的适用场所见表4-17。

表4-17　闭式自动喷水灭火系统的适用场所

系 统 类 型	适 用 情 况
湿式自动喷水灭火系统	室温不低于4 ℃,且不高于70 ℃的建筑物和场所(无冰冻地区)
干式自动喷水灭火系统	室温低于4 ℃或高于70 ℃的建筑物和场所
预作用自动喷水灭火系统	三种情况之一:①系统处于准工作状态,严禁管道漏水;②严禁系统误喷;③替代干式自动喷水灭火系统

2. 开式自动喷水灭火系统适用场所

(1)雨淋喷水灭火系统适用场所

雨淋喷水灭火系统适用于扑救大面积的、燃烧猛烈、蔓延速度快的火灾。如可燃物较多且空间较大、火灾易迅速蔓延扩大的演播室、电影摄影棚等场所;易燃物品仓库以及火灾危险性大、发生火灾后燃烧速度快或可能发生爆炸性燃烧的厂房或部位。

(2)水幕系统适用场所

水幕系统不具备直接灭火的能力,而是利用密集喷洒所形成的水墙或水帘,或配合防火卷帘等分隔物,阻断烟气和火势的蔓延,属于暴露防护系统。一般安装在舞台口、防火卷帘以及需要设水幕保护的门、窗、洞、檐口等处。

(3)水喷雾灭火系统适用场所

水喷雾灭火系统用于扑救固体火灾,闪点高于600 ℃的液体火灾和电气火灾,并可用于可燃气体和甲、乙、丙类液体的生产、储存装置或装卸设施的防护冷却。在民用建筑中水喷雾灭火系统主要用于保护燃油燃气锅炉房、柴油发电机房和柴油泵等场所。

3. 自动喷水灭火系统的设置要求

建筑中保护局部场所的干式自动喷水灭火系统、预作用自动喷水灭火系统、雨淋喷水灭火系统、水喷雾灭火系统,可串联接入同一建筑物内的湿式自动喷水灭火系统,并应与其配水干管连接,如图4-29所示。

自动喷水灭火系统应有下列组件、配件和设施:

①应设有洒水喷头、水流指示器、报警阀组、压力开关等组件和末端试水装置以及管道、供水设施;

②控制管道静压的区段宜分区供水或设减压阀,控制管道动压的区段宜设减压孔板或节流管;

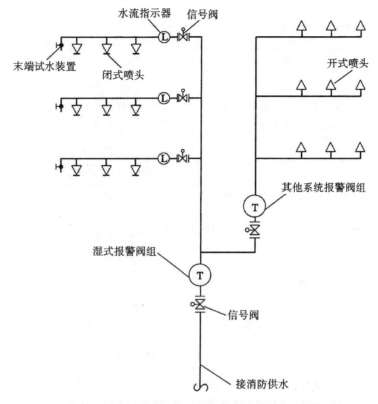

图 4-29　其他系统接入湿式自动喷水灭火系统示意图

③应设有泄水阀、排气阀和排污阀;

④干式自动喷水灭火系统和预作用自动喷水灭火系统的配水管道应设快速排气阀;有压充气管道的快速排气阀入口前应设电动阀。

4.2.5　闭式自动喷水灭火系统

1. 设置场所

闭式自动喷水灭火系统是使用时间最长、应用最广的灭火系统。

闭式自动喷水灭火系统的设置场所见表 4-18 和表 4-19。

表 4-18　多层和高层民用建筑

设 置 部 位		设 置 条 件
厂房	棉纺厂:开包车间,清花车间	≥50000 纱锭
	麻纺厂:分级车间,梳麻车间	≥5000 纱锭
	木器厂	建筑面积大于 1500 m²
	火柴厂的烤梗、筛选阶段	
	制鞋、制衣、玩具及电子等单层、多层厂房	占地面积大于 1500 m² 或总建筑面积大于 3000 m²

设 置 部 位		设 置 条 件
库房	棉、毛、丝、麻、化纤、毛皮及制品库房	每座占地面积大于 1000 m²
	火柴库房	每座占地面积大于 600 m²
	邮政楼中的空邮袋库，可燃物品地下仓库	建筑面积大于 500 m²
	可燃、难燃物品的高架仓库和高层仓库	冷库除外
公共建筑	会堂、礼堂	大于 2000 座位
	剧院	特等、甲等或大于 1500 座位剧院
	体育馆；体育场的室内人员休息室与器材间	大于 3000 座位；大于 5000 人
	展览建筑、商店、旅馆建筑、病房楼、门诊楼、手术部	总建筑面积大于 3000 m² 或任一楼层建筑面积大于 1500 m²
	地下商店	建筑面积大于 500 m²
	设置有送回风道（管）的集中空调系统的办公楼	大于 3000 m²
	歌舞娱乐放映游艺场所（游泳场所除外）	地下、半地下或地上四层及四层以上；或设置在首层、二层和三层且任一层建筑面积大于 3000 m²
	图书馆	藏书量超过 50 万册

表 4-19　高层民用建筑闭式自动喷水灭火系统的设置场所

设 置 部 位	设 置 条 件
除游泳池、溜冰场、建筑面积小于 5.00 m² 的卫生间、不设集中空调且户门为甲级防火门的住宅的户内用房和不宜用水扑救的部位外的其他场所	建筑高度超过 100 m 的高层建筑及其裙房
除游泳池、溜冰场、建筑面积小于 5.00 m² 的卫生间、普通住宅、设集中空调的住宅的户内用房和不宜用水扑救的部位外的其他场所	建筑高度不超过 100 m 的一类高层建筑及其裙房
公共活动用房（公共活动空间）；走道、办公室和旅馆的客房；自动扶梯底部；可燃物品库房	二类高层公共建筑
歌舞娱乐放映游艺场所；空调机房；公共餐厅；公共厨房；经常有人停留或可燃物较多的地下室、半地下室	高层建筑

2. 系统组成和工作原理

（1）湿式自动喷水灭火系统

湿式自动喷水灭火系统由闭式喷头、管道系统、湿式报警阀、报警装置和给水设备组成。该系统在准工作状态时，喷水管网中充满有压力的水，当建筑物发生火灾，火点温度到达闭式喷头开启温度时，喷头出水，驱动水流指示器、湿式报警阀组上的水力警铃和压力开关报警，并自动启动加压泵供水灭火，系统工作原理如图 4-30 所示，系统组成如图 4-31 所示。湿式自动喷水灭火系统是自动喷水灭火系统中最基本的系统形式，具有系统简单、投资少、灭火速度快、及时扑救效率高的优点,是目前世界上应用范围最广的自动喷水灭火系统。

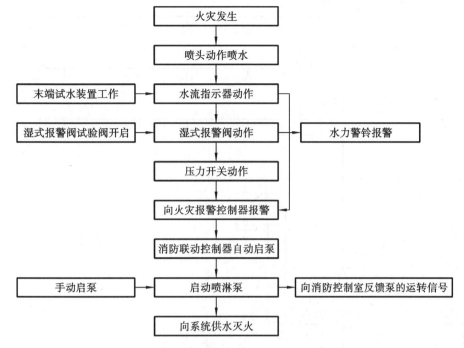

图 4-30 湿式自动喷水灭火系统工作原理图

(2)干式自动喷水灭火系统

干式自动喷水灭火系统是报警阀后充满压力气体的灭火系统,系统由闭式喷头、管道系统、干式报警阀组和供水设施、补气装置等组成。干式自动喷水灭火系统与湿式自动喷水灭火系统一样为喷头常闭的灭火系统,不同之处在于报警阀后的配水管道平时充满有压空气(或氮气),补气装置多为小型空气压缩机,只是在报警阀前的管道中经常充满有压力的水。平时用空压机维持报警阀内气压大于水压,将水隔断在报警阀前。当建筑物发生火灾时,闭式喷头受热开启排气,气压下降,水压大于气压,报警阀打开,充水、报警、灭火。为加速系统排气充水,配水管道上设置快速排气阀,排气阀入口处设电动阀,平时电动阀关阀,管道内气体不能排出,火灾时由报警阀的压力开关及时控制电动阀打开排气,干式自动喷水灭火系统工作原理如图 4-32 所示,系统组成示意图如图 4-33 所示。干式自动喷水灭火系统因在报警阀后的管网中无水,不受温度的制约,对建筑装饰无影响。

但为了保持气压,需要配套设置补气设施,因而提高了系统造价,比湿式自动喷水灭火系统投资高。又由于喷头受热开启后,首先要排除管道中的气体,然后才能喷水灭火,因此,干式自动喷水灭火系统的喷水灭火速度不如湿式系统快。

(3)预作用自动喷水灭火系统

预作用自动喷水灭火系统与干式自动喷水灭火系统一样为喷头常闭的灭火系统。系统由火灾探测系统、闭式喷头、水流指示器、预作用报警阀组,以及管道和供水设施等组

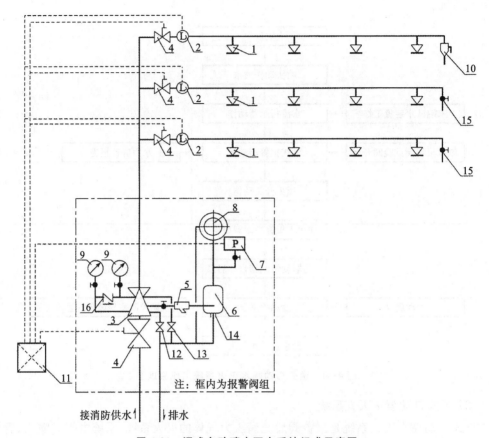

图 4-31 湿式自动喷水灭火系统组成示意图

1—闭式喷头;2—水流指示器;3—湿式报警阀;4—信号阀;5—过滤器;6—延迟器;
7—压力开关;8—水力警铃;9—压力表;10—末端试水装置;11—火灾报警控制器;
12—泄水阀;13—试验阀;14—节流器;15—试水阀;16—止回阀

成。预作用自动喷水灭火系统在准工作状态时,报警阀后配水管道内也不充水,而充以有压或无压的气体,配套设火灾自动报警系统。发生火灾时,由感烟火灾探测器报警,同时发出信息开启报警信号,报警信号延迟 30 s,证实无误后,自动启动预作用报警阀,向喷水管网中自动充水,转为湿式自动喷水灭火系统。温度再升高,喷头的闭锁装置脱落,喷头即自动喷水灭火。平时补气维持管道内气压,是为了发现管网和喷头是否漏气,以便及时检修,避免系统误充水时漏水,造成水渍污染,预作用自动喷水灭火系统工作原理如图4-34所示,系统组成示意如图 4-35 所示。

预作用自动喷水灭火系统是湿式喷水灭火系统与自动报警控制技术相结合的产物,它克服了湿式自动喷水灭火系统和干式自动喷水灭火系统的缺点,可以用于湿式自动喷水灭火系统和干式自动喷水灭火系统所能使用的任何场所。但由于多了一套自动报警系统,系统比较复杂,投资大。一般用于建筑装饰要求高,不允许有水浸损失,灭火要求及时的建筑。

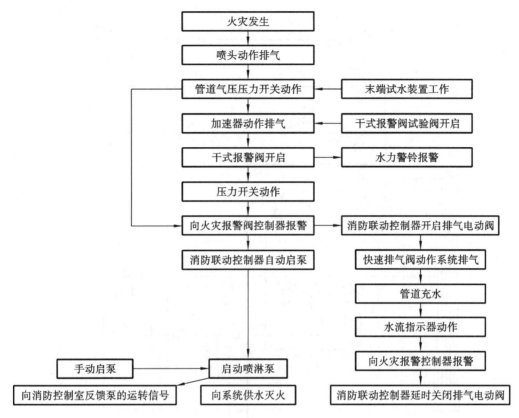

图 4-32　干式自动喷水灭火系统工作原理图

（4）重复启闭预作用自动喷水灭火系统

从湿式自动喷水灭火系统到预作用自动喷水灭火系统,闭式自动喷水灭火系统得到了很大的发展,功能日趋完善,20 世纪 70 年代,又发展了一种新的自动喷水灭火系统,这种系统不但能自动喷水灭火,而且当火被扑灭后又能自动关闭;当火灾再发生时,系统仍能重新启动喷水灭火,这就是重复启闭预作用自动喷水灭火系统。

重复启闭预作用自动喷水灭火系统的组成和工作原理与预作用系统相似。重复启闭预作用自动喷水灭火系统的特点如下。

①功能优于以往所有的喷水灭火系统,其使用范围不受控制。

②系统在灭火后能自动关闭,节省消防用水,最重要的是能将由于灭火而造成的水渍损失减轻到最低限度。

③火灾后喷头的替换,可以在不关闭系统,系统仍处于工作状态的情况下马上进行,平时喷头或管网的损坏也不会造成水渍损失。

④系统断电时,能自动切换转用备用电池操作,如果电池在恢复供电前用完,电磁阀开启,系统转为湿式自动喷水灭火系统形式工作。

⑤重复启闭预作用自动喷水灭火系统造价较高,一般只用于特殊场合。

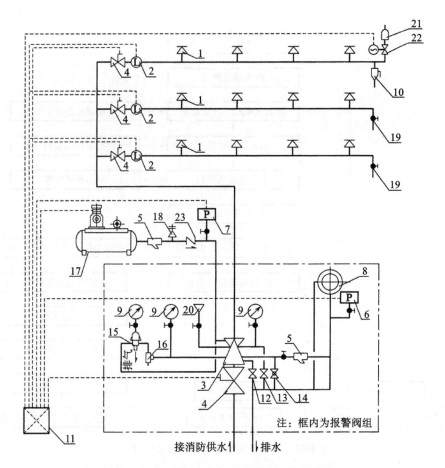

图 4-33　干式自动喷水灭火系统组成示意图

1—闭式喷头；2—水流指示器；3—干式报警阀；4—信号阀；5—过滤器；6—压力开关(1)；

7—压力开关(2)；8—水力警铃；9—压力表；10—末端试水装置；11—火灾报警控制器；

12—泄水阀；13—试验阀；14—球阀；15—加速器；16—抗洪装置；17—空压机；

18—安全阀；19—试水阀；20—注水口；21—快速排气阀；22—电动阀；23—止回阀

3. 系统组件及选型

（1）闭式喷头

闭式喷头具有释放机构,其由热敏感元件、密封件等零件组成。平时喷头出水口用释放机构封闭住,当达到一定温度时能自动开启,即灭火时释放机构自动脱落,喷头开启喷水。

①闭式喷头的分类。

闭式喷头按感温元件分为玻璃球喷头和易熔合金喷头。

易熔合金喷头:在热的作用下,易熔合金熔化脱落而开启喷水。

玻璃球喷头:在热的作用下,玻璃球内的液体膨胀产生压力,导致玻璃球爆破脱落而开启喷水。玻璃球泡内的工作液体通常用的是酒精和乙醚。玻璃球喷头有下垂型、直立型、普通型和边墙型等,如图 4-36 所示。

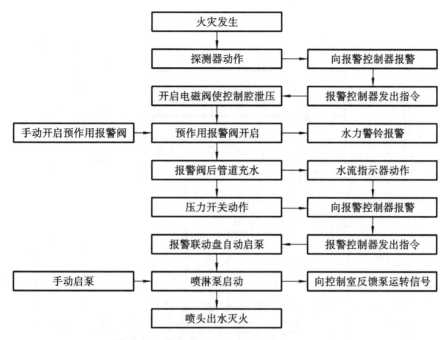

图 4-34　预作用自动喷水灭火系统工作原理图

闭式喷头的公称动作温度宜高于环境温度 30 ℃,见表 4-20。

表 4-20　闭式喷头的公称动作温度与色标

玻璃球喷头		易熔合金喷头	
动作温度/℃	色标	动作温度/℃	轭臂色标
57	橙	57～77	本色
68	红	80～107	白
79	黄	121～149	蓝
93	绿	163～191	红
141	蓝	204～246	绿
182	紫红	260～302	橙

喷头的布置宜根据系统的喷水强度、喷头流量系数及压力确定。一般呈正方形或矩形布置,间距在 2.4 m 到 4.5 m 之间,与端墙的距离不大于 2.2 m;货架内喷头间距在 2 m 到 3 m 之间;喷头保护面积不大于 20 m²。具体参数见表 4-21。

表 4-21　同一根配水支管上喷头间距及相邻支管喷头间距

喷水强度 /(L/min·m²)	正方形布置的边长/m	矩形或平行四边形布置的长边边长/m	一只喷头的最大保护面积/m²	喷头与端墙的最大距离/m
4	4.4	4.5	20	2.2
6	3.6	4.0	12.5	1.8
8	3.4	3.6	11.5	1.7
≥12	3.0	3.6	9.0	1.5

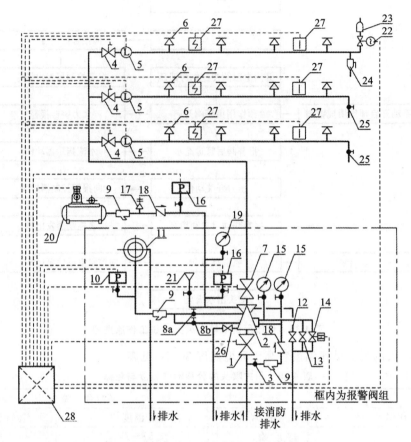

图 4-35　预作用自动喷水灭火系统示意图

1—信号阀；2—预作用报警阀；3—控制腔供水阀；4—信号阀；5—水流指示器；6—闭式喷头；
7—试验信号阀；8a—水力警铃控制阀；8b—水力警铃测试阀；9—过滤器；10—压力开关；
11—水力警铃；12—试验放水阀；13—手动开启阀；14—电磁阀；15—压力表；16—压力开关；
17—安全阀；18—止回阀；19—压力表；20—空压机；21—注水口；22—电动阀；23—自动排气阀；
24—末端试水装置；25—试水阀；26—泄水阀；27—火灾探测器；28—火灾报警控制器

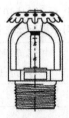
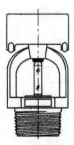

(a) 下垂型喷头　　　(b) 直立型喷头　　　(c) 普通型喷头　　　(d) 边墙型喷头

图 4-36　玻璃球闭式洒水喷头

②闭式喷头选择的原则。

湿式自动喷水灭火系统的喷头选型如下。

a.不做吊顶的场所,当配水支管布置在梁下时,应采用直立型喷头。

b.吊顶下布置的喷头,应采用下垂型喷头或吊顶型喷头。

c.顶板为水平平面的轻危险级、中危险级Ⅰ级的居室和办公室,可采用边墙型喷头。

d.下列场所宜采用快速响应闭式洒水喷头:

公共娱乐场所、中庭环廊;医院、疗养院的病房及治疗区域,老年、少儿、残疾人的集体活动场所;超出水泵接合器供水高度的楼层;地下的商业及仓储用房。

干式自动喷水灭火系统和预作用自动喷水灭火系统喷头选型:应采用直立型喷头或干式下垂型喷头。

(2) 报警阀组

①报警阀组的主要作用。

a.自动控制水流:在管网平时不充水的系统中,如干式自动喷水灭火系统、预作用自动喷水灭火系统等,报警阀组自动控制供水平时不进入管网,只在需要消防灭火时进入管网。在湿式自动喷水灭火系统中,报警阀组控制管网中的水不倒流。

b.自动报警及启泵:一旦有喷头喷水,水力警铃发出声响报警,压力开关给出启动消防泵的指令。

②闭式报警阀组构造和工作原理。

闭式自动喷水灭火系统根据报警阀的构造和功能分为湿式报警阀组、干式报警阀组和预作用报警阀组等。

湿式报警阀组的工作原理:湿式报警阀平时阀芯前后水压相等,由于阀芯的自重和阀芯前后所受水的总压力不同,阀芯处于关闭状态。发生火灾时,闭式喷头喷水,由于水压平衡小孔来不及补水,报警阀上面的水压下降,此时阀下水压大于阀上水压,于是阀板开启,向洒水管网及洒水喷头供水,同时水沿着报警阀的环形管进入延迟器,这股水首先充满延时器后才能流向压力开关及水力警铃等设施,发出火警信号并启动消防水泵等设施。若水流较小,不足以补充从节流孔排出的水,就不会引起误报。湿式报警阀组结构示意如图 4-37 所示。

湿式报警阀(图 4-38)主要由阀体、座圈和阀瓣三部分组成,整个阀体被阀瓣分成上、下两腔,上腔(系统侧)与系统管网相通,下腔(供水侧)与水源相通,在阀体中配有座圈,座圈上有多个通往延迟器进水管的沟槽小孔。当系统处于伺应状态时,座圈上的沟槽小孔被阀瓣封闭,通往水力警铃的报警水道被堵死;当上、下压力差达到一定数值,阀瓣才开启,水就从供水侧流向系统侧,警铃报警,灭水系统喷水;当上、下压力频繁开启,在阀瓣上设有小补水阀,当系统侧管网有微小渗漏或水源压力有波动时,可以通过补水阀给管网补水,平衡上、下腔压力,稳定了阀瓣,从而避免了误报警。延迟器是一个有进水口和出水口的圆筒形储水容器,下端有进水口,与报警阀的报警口连接,上端有出水口,连接水力警铃。由于系统的供水源压力存在波动现象,能使阀瓣瞬间开启,水流经过座圈上沟槽及小孔首先进入延迟器,由于水源压力波动的时间很短,阀瓣很快就能自动复位(关闭),所以进入延迟器的水量很小,可以由延迟器来收集水,并经过底部的节流器排出,延迟器的这一缓冲时间作用,避免了水流压力波动而引起水力警铃的误报警。

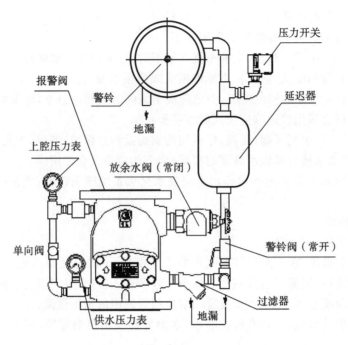

图 4-37　湿式报警阀组结构示意图

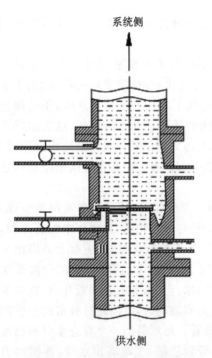

图 4-38　湿式报警阀结构示意图

压力开关一般垂直安装在延时器与水力警铃之间的信号管道上。检测管网内的水压,将压力信号转换成电信号,向火灾报警控制器发出火警信号并自动启泵。

水力警铃是靠水力驱动的机械警铃。报警阀阀瓣打开后,水流通过报警连接管冲击水轮,带动铃锤敲击铃盖发出报警声音。水力警铃的工作压力不应小于 0.05 MPa。

干式报警阀组由干式报警阀、试警铃阀、延迟器、压力开关、水力警铃、控制和检修阀、检验装置、充气装置等组成,适用于安装在干式自动喷水灭火系统立管上。

干式报警阀的工作原理:阀体内装有一个差动双盘阀板,阀板下圆盘关闭水,阻止水从干管进入喷水管网,阀板上圆盘承受压缩空气,保持阀处于关闭状态。由于气压作用面积大于水压作用面积(5∶1 以上),为了使阀保持关闭状态,闭式喷洒管网内空气压力应大于水压的 1/5 以上,并应使空气压力保持恒定。当闭式喷头开启时,空气管网内的压力下降,作用在差动阀板的圆盘上的压力降低,阀板被推起,水通过报警阀进入喷水管网由喷头喷出,同时水通过报警阀座位上的环形槽进入信号设施进行报警。

预作用报警阀组由预作用报警阀、水力警铃、压力开关、自动滴水球阀、空气压缩机、电磁阀等元器件组成。主要元器件预作用报警阀由雨淋阀和湿式阀上下串联而成，雨淋阀位于供水侧，湿式阀位于系统侧。湿式阀阀体上有两个开口，一个接排水管，一个接补水漏斗和空气压缩机，阀内设有阀瓣和阀座，排水管作管网排空之用，补水漏斗用于给湿式阀阀瓣上方加水，水面到阀体接管处为止，之后把各球阀关闭。空气压缩机用于维持管网的空气压力。湿式阀的阀瓣靠重力和管网中的气压关闭阀瓣，阀瓣上方的存水起密封阀瓣的作用，使上方有压气体不向下泄漏。

③报警阀组主要部分的作用。

a.湿式报警阀：防止水倒流并在一定流量下报警的止回阀。

b.干式报警阀：防止水气倒流并在一定流量下报警的止回阀。

c.水力警铃：靠水力驱动的机械警铃。报警阀阀瓣打开后，水流通过报警连接管冲击水轮，带动铃锤敲击铃盖发出报警声音。

d.压力开关（压力继电器）：一般垂直安装在延时器与水力警铃之间的信号管道上。检测管网内的水压，给出接点信号，发出火警信号并自动启泵。

e.延时器：安装在报警阀与水力警铃之间的罐式容器，用以防止水源发生水锤时引起水力警铃的误动作。

f.气压维持装置：包括空气压缩机和气压控制装置。空气压缩机可输出压缩空气，经供气管供入干式阀或预作用阀的空气管接口，充满配水管网系统，维持系统压力。供气管路上的压力开关自动启停空气压缩机，保持气体的压力。供气管上的止回阀阻止水进入空气压缩机，安全阀用于防止气压超压。

④报警阀组的设置原则。

a.自动喷水灭火系统应设报警阀组，保护室内钢屋架等建筑构件的闭式自动喷水灭火系统应设独立的报警阀组。

b.串联接入湿式自动喷水灭火系统配水干管的干式自动喷水灭火系统、预作用自动喷水灭火系统、雨淋喷水灭火系统等其他自动喷水灭火系统，应分别设置独立的报警阀组，其控制的喷头数计入湿式阀组控制的喷头总数。

c.一个报警阀组控制的喷头数应符合下列规定：湿式系统、预作用系统不宜超过 800 只；干式系统不宜超过 500 只。当配水支管同时安装保护吊顶下方和上方空间的喷头时，应只将数量较多一侧的喷头计入报警阀组控制的喷头总数。

d.每个报警阀组供水的最高与最低位置的喷头，其高程差不宜大于 50 m。

e.报警阀组宜设在安全及易于操作的地点，报警阀距地面的高度宜为 1.2 m。安装报警阀的部位应设有排水设施。

f.连接报警阀进出口的控制阀应采用信号阀。当不采用信号阀时，控制阀应设锁定阀位的锁具。

g.水力警铃的工作压力不应小于 0.05 MPa，并应符合下列规定：

Ⅰ.应设在有人值班的地点附近；

Ⅱ.与报警阀连接的管道，其管径应为 20 mm，总长不宜大于 20 m。

⑤水流指示器。

水流指示器用于监测管网内的水流情况,安装在每楼层或每个防火分区的配水干管上。当有水流过装有水流指示器的管道时,流动的水流推动水流指示器的桨片发生偏移,接通电接点,输出电信号到火灾报警控制器,指出喷水喷头的大致位置。

水流指示器的布置:每个防火分区、每个楼层均应设水流指示器;仓库内顶板下喷头与货架内喷头应分别设置水流指示器;当水流指示器入口前设置控制阀时,应采用信号阀。水流指示器安装示意图如图 4-39 所示。

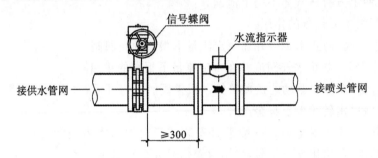

图 4-39　水流指示器安装示意图

4. 闭式自动喷水灭火系统的设计要求

（1）基本设计参数

闭式自动喷水灭火系统的设计,应保证被保护建筑物的最不利点喷头有足够的喷水强度。各危险等级的设计喷水强度、作用面积和喷头设计压力应符合相关的规定。民用建筑和工业厂房的系统设计参数不应低于表 4-22 的规定。非仓库类高大净空场所设置自动喷水灭火系统时,湿式自动喷水灭火系统的设计基本参数不应低于表 4-23 的规定。

表 4-22　民用建筑和工业厂房的系统设计参数

火灾危险等级		净空高度/m	喷水强度/[L/(min·m²)]	作用面积/m²
轻危险级			4	
中危险级	Ⅰ级	≤8	6	160
	Ⅱ级		8	
严重危险级	Ⅰ级		12	260
	Ⅱ级		16	

注:系统最不利点处喷头的工作压力不应低于 0.05 MPa。

表 4-23　非仓库类高大净空场所的系统设计基本参数

适用场所	净空高度/m	喷水强度/[L/(min·m²)]	作用面积/m²	喷头选型	喷头最大间距/m
中庭、影剧院、音乐厅、单一功能体育馆等	8~12	6	260	$K=80$	3
会展中心、多功能体育馆、自选商场等	8~12	12	300	$K=115$	

注:1. 最大储物高度超过 3.5 m 的自选商场应按 16 L/(min·m²)确定喷水强度。

2. $K=80$ 表示流量系数 $K=80$ 的标准喷头;$K=115$ 表示流量系数 $K=115$ 的快速响应喷头。

①仅在走道设置单排喷头的闭式自动喷水灭火系统,其作用面积应按最大疏散距离所对应的走道面积确定。

②装设网格、栅板类通透性吊顶的场所,系统的喷水强度应按表 4-23 规定值的 1.3 倍确定。

③干式自动喷水灭火系统的作用面积应按表 4-23 规定值的 1.3 倍确定;雨淋喷水灭火系统中每个雨淋阀控制的喷头面积不宜大于表 4-21 中的作用面积。

(2)喷头的布置

①布置形式。

喷头应布置在顶板或吊顶下易于接触到火灾热气流并有利于均匀布水的位置。喷头之间的水平距离应根据不同火灾危险等级确定,一般呈正方形、矩形布置。宽度不超过 3.6 m 的走道或房间仅布置单排喷头。

②一般规定。

a.直立型、下垂型喷头的布置,包括同一根配水支管上喷头的间距及相邻配水支管的间距,应根据系统的喷水强度、喷头的流量系数和工作压力确定,并应不大于表 4-24 的规定,且不宜小于 2.4 m。

表 4-24　同一根配水支管上喷头的间距及相邻配水支管的间距

喷水强度 /[(L/(min·m²)]	正方形布置的边长/m	矩形或平行四边形布置的长边边长/m	1 只喷头的最大保护面积/m²	喷头与端墙的最大距离/m
4	4.4	4.5	20.0	2.2
6	3.6	4.0	12.5	1.8
8	3.4	3.6	11.5	1.7
≥12	3.0	3.6	9.0	1.5

注:1. 仅在走道设置单排喷头的闭式系统,其喷头间距应按走道地面不留漏喷空白点确定。

2. 喷水强度大于 8 L/(min·m²)时,宜采用流量系数 $K>80$ 的喷头。

3. 货架内置喷头的间距均应不小于 2 m,并不大于 3 m。

b.除吊顶型喷头及吊顶下安装的喷头外,直立型、下垂型标准喷头,其溅水盘与顶板的距离,应不小于 75 mm 且不大于 150 mm。

c.直立式边墙型喷头,其溅水盘与顶板的距离应不小于 100 mm,且不大于 150 mm,与背墙的距离应不小于 50 mm,并不大于 100 mm;水平式边墙型喷头溅水盘与顶板的距离应不小于 150 mm,且不大于 300 mm,如图 4-40 和图 4-41 所示。

d.边墙型标准喷头的最大保护跨度与间距,应符合表 4-25 的规定。

表 4-25　边墙型标准喷头的最大保护跨度与间距(m)

设置场所火灾危险等级	轻 危 险 级	中危险级Ⅰ级
配水支管上喷头的最大间距	3.6	3.0
单排喷头的最大保护跨度	3.6	3.0
两排相对喷头的最大保护跨度	7.2	6.0

注:1. 两排相对喷头应交错布置。

2. 室内跨度大于两排相对喷头的最大保护跨度时,应在两排相对喷头中间增设一排喷头。

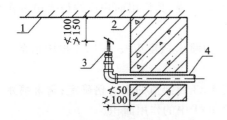

图 4-40　直立式边墙型喷头溅水盘与
顶板及背墙的关系

1—顶板;2—背墙;3—直立式喷头;4—管道

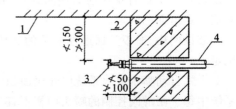

图 4-41　水平式边墙型喷头溅水盘与
顶板及背墙的关系

1—顶板;2—背墙;3—水平式喷头;4—管道

e.当局部场所设置自动喷水灭火系统时,与相邻不设自动喷水灭火系统场所连通的走道或连通门窗的外侧,应设喷头。

f.净空高度大于 800 mm 的闷顶和技术夹层内有可燃物时,应设置喷头。装设通透性吊顶的场所,喷头应布置在顶板下。

g.图书馆、档案馆、商场、仓库中的通道上方宜设有喷头。喷头与被保护对象的水平距离,不应小于 0.3 m;喷头溅水盘与保护对象的最小垂直距离,标准喷头不应小于 0.45 m,其他喷头不应小于 0.90 m。

h.早期抑制快速响应喷头的溅水盘与顶板的距离,应符合表 4-26 的规定。

表 4-26　早期抑制快速响应喷头的溅水盘与顶板的距离

喷头安装方式	直　　立　　型		下　　垂　　型	
溅水盘与顶板的距离/m	≥100	≤150	≥150	≤360

③喷头与障碍物。

布置喷头时,会遇到梁、通风道、管道、排水管、桥架等障碍物。喷头需与障碍物之间保持一定距离。

a.直立型、下垂型喷头与梁、通风管道的距离应符合表 4-27 的规定(图 4-42)。

表 4-27　喷头与梁、通风管道的距离(m)

喷头溅水盘与梁或通风管道的底面的最大垂直距离 b		喷头与梁、通风管道的水平距离 a
标准喷头	其他喷头	
0	0	$a<0.3$
0.06	0.04	$0.3≤a<0.6$
0.14	0.14	$0.6≤a<0.9$
0.24	0.25	$0.9≤a<1.2$
0.35	0.38	$1.2≤a<1.56$
0.45	0.55	$1.5≤a<1.8$
>0.45	>0.55	$a=1.8$

b.直立型、下垂型喷头与不到顶隔墙的水平距离 a,不得大于喷头溅水盘与不到顶隔墙顶面垂直距离的 2 倍,如图 4-43 所示。

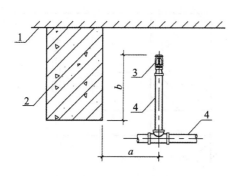

图 4-42　喷头与梁、通风管道的关系

1—顶板；2—梁(或通风管道)；3—直立型喷头；4—管道

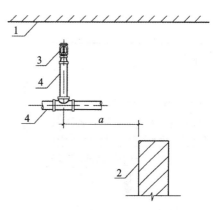

图 4-43　喷头与不到顶隔墙的关系

1—顶板；2—不到顶隔墙；3—直立型喷头；4—管道

　　c.直立型、下垂型标准喷头的溅水盘以下 0.45 m,其他直立型、下垂型喷头的溅水盘以下 0.9 m 范围内,如有屋架等间断障碍物或管道时,喷头与邻近障碍物的最小水平距离宜符合表 4-29 的规定(图 4-44 和图 4-45)。

表 4-28　喷头与邻近障碍物的最小水平距离(m)

c、e 或 d≤0.2	c、e 或 d>0.2
$3e$、$3e$(c 与 e 取最大值)或 $3d$	0.6

　　d.当梁、通风管道、成排布置的管道、桥架等障碍物的宽度大于 1.2 m 时,应在障碍物下方增设喷头,如图 4-46 所示。

　　e.直立型、下垂型喷头与靠墙障碍物的距离应符合下列规定(图 4-47),即:

　　当 e≥750 mm 时或 a 的计算值大于表 4-25 中喷头与端墙距离的规定时,应在靠墙障碍物下增设喷头。

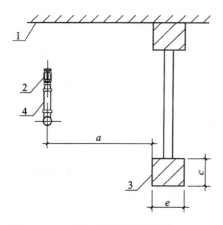

图 4-44　喷头与邻近障碍物的关系(一)

1—顶板；2—直立型喷头；3—屋架、管道等间断障碍物；4—管道

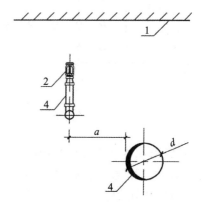

图 4-45　喷头与邻近障碍物的关系(二)

1—顶板；2—直立型喷头；3—屋架、管道等间断障碍物；4—管道

　　f.边墙型喷头的两侧 1 m 与正前方 2 m 范围内,顶板下不应有阻挡喷水的障碍物。

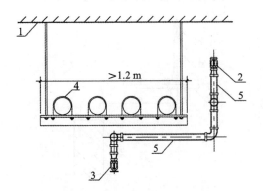

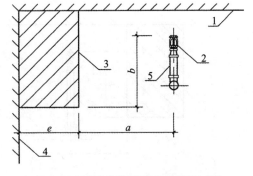

图 4-46　障碍物下方增设喷头示意图
1—顶板；2—直立型喷头；3—下垂型喷头；
4—排管(或梁、通风管道、桥架等)；5—管道

图 4-47　喷头与靠墙障碍物的关系图
1—顶板；2—直立型喷头；
3—靠墙障碍物；4—墙面；5—管道

（3）自动喷水灭火系统的管网

①管网的布置与设计安装要求。

自动喷水灭火系统的配水管网，由配水支管、配水管、配水干管及立管组成。自动喷水灭火系统一般采用枝状管网，管网的布置应尽量对称、合理，以减小管径、节约投资和方便计算。通常根据建筑平面的具体情况布置成侧边式和中央式，如图 4-48 所示。

自动喷水灭火系统
设计参数实例

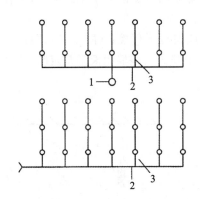

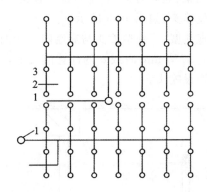

图 4-48　管网布置形式
1—主配水管；2—配水管；3—配水支管

为了控制配水支管的长度，避免水头损失过大，一般情况下，配水管两侧每根配水支管控制的最大标准喷头为轻、中危险级：8 只(吊顶上下侧同时安装，每侧 8 只)；严重危险级、仓库危险级：6 只。

轻危险级、中危险级场所配水支管、配水管控制的标准喷头数不应超过表 4-29 的规定。

表 4-29 轻危险级、中危险级场所中配水支管、配水管控制的标准喷头数

公称管径/mm	控制的标准喷头数/只		公称管径/mm	控制的标准喷头数/只	
	轻危险级	中危险级		轻危险级	中危险级
25	1	1	65	18	12
32	3	3	80	48	32
40	5	4	100		64
50	10	8			

配水管道的布置应使配水管入口的压力均衡。轻、中危险级场所中各配水入口的压力不宜大于 0.4 MPa。报警阀出口后的配水管道工作压力不应大于 1.2 MPa;管道上不应设置其他用水设施。

干式自动喷水灭火系统的配水管充水时间不宜大于 1 min,预作用自动喷水灭火系统的配水管道充水时间不宜大于 2 min。

水平安装的管道宜有坡度,并应坡向泄水阀。充水管道的坡度不宜小于 2‰,准工作状态不充水管道的坡度不宜小于 4‰。

②管径的要求。

管道的直径应经水力计算确定。接喷头的短立管及末端试水装置的连接管,管径不应小于 25 mm。

③管材的要求。

报警阀出口后的配水管道应采用内外壁热镀锌钢管或铜管、不锈钢管。镀锌钢管应采用沟槽式连接件(卡箍)、丝扣或法兰连接。

(4)系统供水设计

①一般规定。

a.系统用水可由市政或企业的生产、消防给水管道供给,也可由消防水池或天然水源供给,并应确保持续喷水时间内的用水量。

b.当自动喷水灭火系统中设有 2 个及以上报警阀组时,报警阀组前宜设环状供水管道。

②水泵。

a.系统应设独立的供水泵,并应按一用一备或二用一备比例设置备用泵。

b.每组供水泵的吸水管不应少于 2 根。报警阀入口前设置环状管道的系统,每组供水泵的出水管不应少于 2 根。

③消防水箱。

a.采用临时高压给水系统的自动喷水灭火系统,应设高位消防水箱。消防水箱的供水,应满足系统最不利点处喷头的最低工作压力和喷水强度。

湿式自动喷水灭火系统消防水箱设置高度可按下式进行计算:

$$H_z = h_1 + h_2 + h_3 + h_4 \tag{4-24}$$

式中:H_z——湿式自动喷水灭火系统水箱设置高度,mH$_2$O;

h_1——最不利点喷头的工作压力,不小于 10 mH_2O;

h_2——湿式报警阀的水头损失,mH_2O;

h_3——水流指示器的水头损失,mH_2O;

h_4——水箱至最不利喷头管道总水头损失,mH_2O。

b.不设高位消防水箱的建筑,系统应设气压供水设备。气压供水设备的有效容积,应按系统最不利点处的 4 只喷头在最低工作压力下的 10 min 用水量。

c.干式自动喷水灭火系统、预作用自动喷水灭火系统设置的气压供水设备,应同时满足配水管道的充水要求。

d.消防水箱的出水管应设止回阀,并应与报警阀入口前管道连接;消防水箱或稳压增压设施的出水管与报警阀入口的连接管管径,轻、中危险级不小于 80 mm,严重危险级不小于 100 mm。

④水泵接合器。

系统应设水泵接合器,其数量应按系统的设计流量确定,每个水泵接合器的流量宜按 10~15 L/s 计算。

5.闭式自动喷水灭火系统的水力计算

水力计算的目的在于确定系统所需流量、供水压力,正确地选择消防水泵。

(1)喷头出流量

根据建筑物的危险等级对应的喷水强度 D 和单个喷头保护面积 A_s,确定喷头的出流量和最不利点喷头的压力,系统最不利点处喷头的工作压力不应低于 0.05 MPa。喷头的出流量按式(4-25)计算:

$$q = A_s \times D = K \sqrt{10P} \tag{4-25}$$

式中:q——喷头的出流量,L/min;

D——相应危险等级的设计喷水强度,L/(min·m²);

A_s——一个喷头的保护面积,m²;

K——喷头的流量系数(标准喷头 $K=80$);

P——喷头出口处的工作压力,MPa。

(2)作用面积和喷头数的确定

①作用面积的确定。

水力计算选定的最不利点处作用面积宜为矩形,其长边应平行于配水支管,其长度不宜小于作用面积平方根的 1.2 倍。即:

$$L_{min} = 1.2 \sqrt{A} \tag{4-26}$$

式中:A——相应危险等级的作用面积,m²;

L_{min}——作用面积长边的最小长度,m。

作用面积的短边为:

$$B \geqslant A/L \tag{4-27}$$

式中:B——作用面积短边的长度,m;

L——作用面积长边的实际长度,m。

对仅在走道内布置单排喷头的闭式系统,其作用面积应按最大疏散距离所对应的走道面积计算。

②喷头数的确定。

作用面积内的喷头数应根据喷头的平面布置、喷头的保护面积 A_s 和设计作用面积 A 确定，即：

$$N = A'/A_s \tag{4-28}$$

式中：N——作用面积内的喷头数，个；

A'——设计作用面积，m^2；

A_s——一个喷头的保护面积，m^2/个；

根据式(4-26)和式(4-27)计算出作用面积的长和宽，再根据喷头的保护面积的长度确定设计作用面积，设计作用面积应是喷头保护面积的整数倍，而且大于表 4-21 规定的作用面积。

喷头设计实例

（3）系统设计流量的确定

①系统的设计流量，应按最不利点处作用面积内喷头同时喷水的总流量确定。

$$Q_s = \frac{1}{60} \sum_{i=1}^{n} q_i \tag{4-29}$$

式中：Q_s——系统设计流量，L/s；

q_i——最不利点处作用面积内各喷头节点的流量，L/min；

n——最不利点处作用面积内的喷头数，个。

在计算喷水量时，仅包括作用面积内的喷头。

②系统设计流量的计算，应保证任意作用面积内的平均喷水强度不低于表 4-22 的规定值。最不利点处作用面积内任意 4 只喷头围合范围内的平均喷水强度，轻危险级、中危险级不应低于表 4-22 规定值的 85%；严重危险级和仓库危险级不应低于表 4-22 的规定值。

③建筑物内设有不同类型的系统或有不同危险等级的场所时，系统的设计流量应按其设计流量的最大值确定。

④当建筑物内同时设有自动喷水灭火系统和水幕系统时，设计流量按两个系统同时启用计算，并取两者之和的最大者为总用水量。

在作用面积选定后，从最不利点喷头开始，依次计算各管段的流量和水头损失，直至作用面积最末一个喷头为止，以后管段的流量不再增加，仅计算管道水头损失，以保证作用面积内的平均喷水强度不小于表 4-22 规定的喷水强度。

（4）消防用水量的确定

消防用水量可按式(4-30)确定：

$$V_{12} = 3.6 \times \sum q_i \times T \tag{4-30}$$

式中：V_{12}——自动喷水灭火系统消防用水量，m^3；

q_i——最不利点处作用面积内各喷头节点的流量，L/min；

T——持续喷水时间。

（5）管道水力计算

①管道流速。

闭式自动喷水灭火系统的流速宜采用经济流速，一般不大于 5 m/s，特殊情况下不应超过 10 m/s。为了计算简便,可根据预选管径,查表 4-30 得流速系数,并以流速系数直接乘以流量,校核流速是否超过允许值,即:

$$v = K_o Q \tag{4-31}$$

式中:v——管道内的流速,m/s;

K_o——流速系数,m/L;

Q——管道流量,L/s。

若校核管段流速大于规定值,说明初选管径偏小,应重新选择管径。

表 4-30 流速系数 K_o 值

钢管管径/mm	15	20	25	32	40	50	70
K_o/(m/L)	5.85	3.105	1.883	1.05	0.8	0.47	0.283
钢管管径/mm	80	100	125	150	200	250	
K_o/(m/L)	0.204	0.115	0.075	0.053			
铸铁管管径/mm		100	125	150	200	250	
K_o/(m/L)		0.1273	0.0814	0.0566	0.0318	0.021	

②管道的水头损失。

管道的沿程水头损失可按式(4-32)计算:

$$i = 0.0000107 \times \frac{v^2}{d_j^{1.3}} \tag{4-32}$$

式中:i——每米管道的水头损失,MPa/m;

v——管道内水的平均流速,m/s;

d_j——管道的计算内径,m;应按管道的内径减 1 mm 确定。

③管道的局部水头损失。

管道的局部水头损失,宜按当量长度进行计算。

湿式报警阀的局部水头损失取 0.04 MPa,水流指示器的局部水头损失取 0.02 MPa,雨淋阀取 0.07 MPa。

④水泵扬程或系统入口的供水压力的计算。

水泵扬程或系统入口的供水压力应按下式计算:

$$H = \sum h + P_0 + Z \tag{4-33}$$

式中:H——水泵扬程或系统入口的供水压力,MPa;

$\sum h$——管道沿程和局部水头损失的累计值,MPa;

P_0——最不利点处喷头的工作压力,MPa;

Z——最不利处喷头与消防水池的最低水位或系统入口管水平中心线之间的高程差,当系统入口管或消防水池最低水位高于最不利点处喷头时,Z 应取负值,MPa。

⑤减压计算。

轻、中危险级系统中各配水管入口的压力,应经水力计算确定,并不宜大于 0.4 MPa。可采用减压孔板和减压阀等减压设备限制配水管入口的压力,达到均衡各层管段流量的目的。

a. 减压孔板。

减压孔板应设在直径不小于 50 mm 的水平直管段上，前后管段的长度均不宜小于该管段直径的 5 倍。孔口直径不应小于设置管段直径的 30%，且不应小于 20 mm。减压孔板应采用不锈钢板板材制作。减压孔板的水头损失，应按式（4-34）计算：

$$H_k = \xi \frac{V_k^2}{2g} \tag{4-34}$$

式中：H_k——减压孔板的水头损失，$\times 10^{-2}$ MPa；

　　　V_k——减压孔板后管道内水的平均流速，m/s；

　　　ξ——减压孔板的局部阻力系数，MPa，见表 4-31。

表 4-31　减压孔板的局部阻力系数

d_k/d_j	0.3	0.4	0.5	0.6	0.7	0.8
ξ	292	83.3	29.5	11.7	4.75	1.83

注：d_k——减压孔板的孔口直径，m。

　　d_j——自喷系统主配水管直径，m。

b. 减压阀。

减压阀应设在报警阀组入口前，如图 4-49 所示。减压阀前应设过滤器；垂直安装的减压阀，水流方向宜向下；当连接两个及以上报警阀组时，应设置备用减压阀。

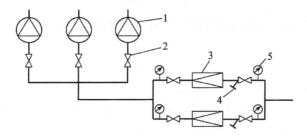

图 4-49　减压阀安装示意图
1—报警阀；2—闸阀；3—减压阀；4—过滤器；5—压力表

6. 设计计算步骤

闭式自动喷水灭火系统的设计流量，按最不利处作用面积内的喷头全部开放喷水时，所有喷头的流量之和确定，并应按式（4-29）进行计算。

闭式自动喷水灭火系统
设计计算实例分析

（1）喷头设计流量计算原理

①在一个管道系统中，某点的流量 Q 与该点管内的压力 P 和管段的流量系数 B 有关。

$$Q^2 = B \times P \tag{4-35}$$

②两根支管与配水管连接（图 4-50），则式（4-36）成立：

$$\frac{Q_a^2}{Q_b^2} = \frac{B_a \times P_a}{B_b \times P_b} \tag{4-36}$$

式中：Q_a——配水管流向支管 a 的流量，L/s；

Q_b——配水管流向支管 b 的流量，L/s；

P_a——支管 a 与配水管连接处管内的压力，MPa；

P_b——支管 b 与配水管连接处管内的压力，MPa；

B_a——支管 a 的流量系数；

B_b——支管 b 的流量系数。

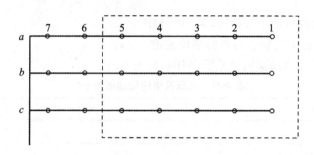

图 4-50　自喷系统平面布置示意图

③若两根支管的管径、管长、管材、喷头数都相同，可以近似地认为两根支管的流量系数相同，$B_a = B_b$，则：

$$\frac{Q_a}{Q_b} = \frac{\sqrt{P_a}}{\sqrt{P_b}} \tag{4-37}$$

④结论：配水管流向配水支管的流量与配水支管和配水管连接处管内压力的平方根成正比。

（2）计算步骤

①根据建筑物类型和危险等级，确定设计参数。

设计参数包括喷头型号及流量系数、喷水强度、作用面积、喷头间距。

②布置管道和喷头。

③在最不利区（点）处画定矩形的作用面积，长边平行于支管，其长度不宜小于作用面积平方根的 1.2 倍，按式（4-26）计算。

④第一根支管（最不利支管）的水力计算。

a.第一个喷头的水力计算。

确定第一个喷头口的工作压力 P_1，根据式（4-25）计算第一个喷头的出水流量 q_1。

第一个管段（管段 1-2）的流量：$Q_{1-2} = q_1$。

第一个管段的水头损失：

$$H_{1-2} = A_z \times L_{1-2} \times Q_{1-2}^2 \tag{4-38}$$

式中：H_{1-2}——第一个管段的水头损失，MPa；

A_z——管道比阻，L/s；

Q_{1-2}——第一个管段的流量，L/s；

L_{1-2}——第一个管段的计算长度，m。

镀锌钢管的比阻见表 4-32。

表 4-32　镀锌钢管比阻

公称直径/mm	比阻/ $[\times 10^{-7}\ \mathrm{MPa\cdot s^2/(m\cdot L^2)}]$	公称直径/mm	比阻/ $[\times 10^{-7}\ \mathrm{MPa\cdot s^2/(m\cdot L^2)}]$
25	43670	80	116.9
32	9388	100	26.75
40	4454	125	8.625
50	1108	150	3.395
65	289.4		

b. 第二个喷头的水力计算。

计算第二个喷头口的工作压力 P_2：$P_2 = P_1 + H_{1-2}$。

计算第二个喷头的出水流量 q_2：$q_2 = K/60 \times \sqrt{10P_2}$。

第二个管段（管段 2-3）的流量 Q_{2-3}：$Q_{2-3} = Q_{1-2} + q_2$。

第二个管段的水头损失：$H_{2-3} = A_z \times L_{2-3} \times Q_{2-3}^2$。

c. 在作用面积内循环计算第 II 部分内容（喷头口工作压力 P、喷头出水量 q、管段流量 Q、管段水头损失 H），离开作用面积后，管段流量 Q 不再增加，只计算管段的水头损失 B，一直到第一根支管与配水管连接处 a，求出该连接处管内压力 P_0 和第一根支管的流量 Q_0。

⑤其他管段的水力计算。

a. 第一段配水管（管段 a-b）的流量 Q_{ab} 与第一根支管的流量 Q_a 相同。

b. 计算第一段配水管（管段 a-b）的水头损失 H_{ab}：$H_{ab} = A_z \times L_{ab} \times Q_{ab}^2$。

c. 计算第二根支管与配水管连接处管内压力 P_b：$P_b = P_a + H_{ab}$。

d. 计算第二根支管的流量 Q_b：

$$Q_b = Q_a \frac{\sqrt{P_b}}{\sqrt{P_a}}$$

e. 计算第二段配水管（管段 b-c）的流量：$Q_{bc} = Q_a + Q_b$。

f. 计算第二段配水管（管段 b-c）的水头损失 H_{bc}：$H_{bc} = A_z \times L_{bc} \times Q_{bc}^2$。

g. 计算第三根支管与配水管连接处管内压力 $P_c = P_b + H_{bc}$。

h. 在作用面积内循序计算上述 4 项：支管流量 Q_j、配水管流量 $Q_{j-(i+1)}$、配水管管段水头损失 $H_{j-(i+1)}$、支管与配水管连接处 $p_{(i+1)}$。离开作用面积后，配水管流量不再增加，只计算管段的水头损失，直至水泵或室外管网，求出计算管路的总水头损失 $\sum h$。

⑥校核喷水强度。

a. 作用面积内的喷水强度不低于规范确定的数值。

b. 轻、中危险级最不利点处 4 个喷头的平均喷水强度不小于规范规定数值的0.85。

c. 严重危险级和仓库危险级最不利点处 4 个喷头的平均喷水强度，不小于规范规定的数值。

⑦确定水泵扬程或系统入口处的供水压力 H，可按式(4-33)计算。

4.2.6 开式自动喷水灭火系统

开式自动喷水灭火系统为采用开式洒水喷头的自动喷水灭火系统,主要用于保护特定的场合,由火灾探测器、雨淋阀组、开式喷头和管道组成。常用的开式自动喷水灭火系统有雨淋喷水灭火系统、水幕系统和水喷雾灭火系统三类。

1. 雨淋喷水灭火系统

(1)特点

雨淋喷水灭火系统的喷头为开式,由火灾探测系统、雨淋阀、管道和开式洒水喷头等组成。发生火灾时,通过火灾探测系统或传动管控制,自动开启雨淋报警阀和启动供水泵后,向其控制的配水管道上所有开式喷头供水,喷头将同时喷水,可在瞬间喷出大量的水覆盖着火区,达到灭火的目的。该系统出水量大,灭火控制面积大,灭火及时,遏制和扑救火灾的效果较闭式系统好,但水渍损失大于闭式自动喷水灭火系统。通常用于燃烧猛烈、蔓延迅速的某些严重危险级场所。

(2)工作原理

雨淋喷水灭火系统有电动启动和传动管启动两种方式。图 4-51 为雨淋喷水灭火系

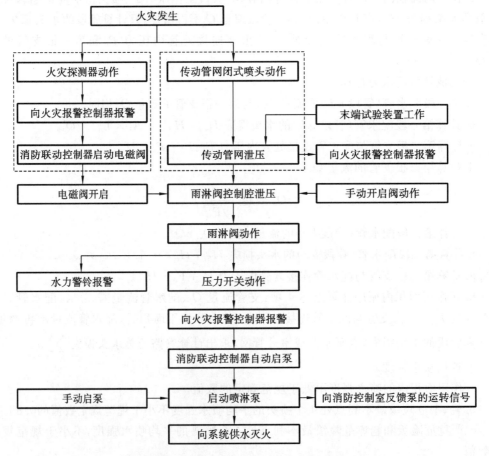

图 4-51 雨淋喷水灭火系统工作原理图

统工作原理图。图 4-52 为传动管启动雨淋喷水灭火系统示意图,图中雨淋阀入口侧与进水管相通,出水侧接喷水灭火管路,平时传动管中充满了与进水管中相同压力的水,此时,雨淋阀在传动管网的水压作用下紧紧关闭,灭火管网为空管。发生火灾时,传动管网闭式喷头动作,传动管网泄压,自动地释放掉传动管网中的有压水,使传动管网中的水压骤然降低,雨淋阀在进水管的水压作用下被打开,压力水立即充满灭火管网,所有喷头喷水,实现对保护区的整体灭火或控火。图 4-53 为电动启动雨淋喷水灭火系统示意图,当火灾探测器探测到火灾信号后,向火灾报警控制器报警,通过消防联动器启动电磁阀,雨淋阀被开启,向系统供水。

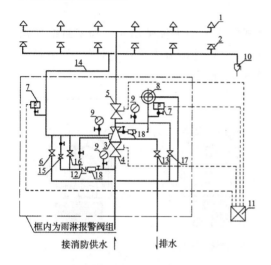

图 4-52　传动管启动雨淋喷水灭火系统示意图

1—开式喷头;2—闭式喷头;3—雨淋报警阀组;
4—信号阀;5—试验信号阀;6—手动开关;
7—压力开关;8—水力警铃;9—压力表;
10—末端试水装置;11—火灾报警控制器;
12—止回阀;13—泄水阀;14—传动管网;
15—小孔闸阀;16—截止阀;17—试验放水阀;
18—过滤器

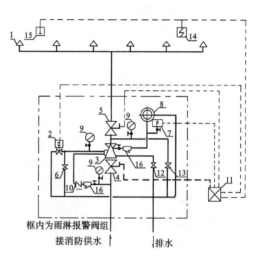

图 4-53　电动启动雨淋喷水灭火系统示意图

1—开式喷头;2—电磁阀;3—雨淋报警阀组;
4—信号阀;5—试验信号阀;6—手动开关;
7—压力开关;8—水力警铃;9—压力表;
10—止回阀;11—火灾报警控制器;12—泄水阀;
13—试验放水阀;14—感烟火灾探测器;
15—感温火灾探测器;16—过滤器

（3）设置场所

应设置雨淋喷水灭火系统的建筑、部位和条件见表 4-33。

表 4-33　雨淋喷水灭火系统设置场所

建筑类别	设置条件	设置部位
剧院	座位超过 1500 个	舞台的葡萄架下部
会堂	座位超过 2000 个	舞台的葡萄架下部
演播室	建筑面积超过 400 m²	
电影摄影棚	建筑面积超过 500 m²	
库房	建筑面积超过 60 m² 或储存量超过 2 t	

建筑类别		设置条件	设置部位
厂房	火柴厂		氯酸钾压碾厂房
	易燃易爆品厂	建筑面积超过 100 m²	生产、使用硝化棉、喷漆棉、火胶棉、赛璐珞胶片、消化纤维的厂房
	乒乓球厂		扎坯、切片、磨球、分球检验部位

（4）系统主要组件

①开式洒水喷头。

开式洒水喷头是无释放机构的洒水喷头，闭式洒水喷头去掉感温元件和密封组件就是开式洒水喷头。按安装方式可分为直立型和下垂型，按结构分为单臂和双臂（图 4-54）。适用于雨淋喷水灭火系统和其他开式自动喷水灭火系统。

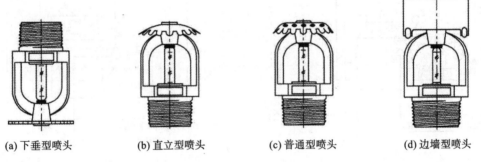

（a）下垂型喷头　　（b）直立型喷头　　（c）普通型喷头　　（d）边墙型喷头

图 4-54　开式洒水喷头

②雨淋阀

雨淋阀不仅可用于雨淋喷水灭火系统，还是水幕系统和水喷雾灭火系统的专用报警阀，其作用是接通或关断向配水管道的供水。

雨淋阀阀瓣上方为自由空气，阀瓣用锁定机构扣住，锁定机构的动力由供水压力提供。发生火灾后，启动装置使锁定机构上作用的供水压力迅速降低，从而使阀瓣脱扣、开启，供水进入消防管网。

（5）系统的设计与计算

①设计要求。

a.雨淋喷水灭火系统中每个雨淋阀控制的喷水面积不宜大于表 4-22 中的作用面积。

b.雨淋喷水灭火系统的防护区内应采用相同的喷头。

c.每根配水支管上装设的喷头数不宜超过 6 个，每根配水干管的一端所负担配水支管的数量亦不应多于 6 根，以免水量分配不均匀。

d.雨淋喷水灭火系统的设计流量，应按雨淋阀控制的喷头数的流量之和确定。多个雨淋阀并联的雨淋喷水灭火系统，其系统设计流量应按同时启用雨淋阀的流量之和的最大值确定。

e.雨淋喷水灭火系统的持续喷水时间为 1 h。

其他设计要求同闭式自动喷水灭火系统。

②水力计算。

雨淋喷水灭火系统的水力计算同闭式自动喷水灭火系统的管道水力计算方法,但设计流量应按雨淋阀控制的同时喷水的喷头数经水力计算确定。

2. 水幕系统

(1) 系统类型和作用

水幕系统是利用密集喷洒所形成的水墙或水帘,或者配合防火卷帘等分隔物,阻断烟气和火势的蔓延。水幕系统按照其用途不同,分为防火分隔水幕和防护冷却水幕两种。

①防火分隔水幕:密集喷洒形成水墙或水帘的水幕。

②防护冷却水幕:冷却防火卷帘等分隔物的水幕。

(2) 系统组成

水幕系统由开式洒水喷头或水幕喷头、雨淋阀组、水流报警装置(水流指示器或压力开关)以及配水管道等组成,用于挡烟阻火和冷却分隔物。

因此,在一个防火分区内与其他灭火系统同时使用,一般将水幕系统安装在舞台口、防火卷帘以及需要设水幕保护的门、窗、洞、檐口等处。

水幕系统的控制方法与雨淋喷水灭火系统相同,亦可采用手动控制阀、电磁阀启动水幕系统,如图4-52和4-53所示。

(3) 系统使用范围

防火冷却水幕仅用于防火卷帘的冷却以及开口尺寸不超过15 m×8 m的开口分隔水幕。

(4) 设置场所

应设水幕系统的场所和部位见表4-34。

表 4-34　水幕系统设置场所

建 筑 类 别		设 置 条 件	设 置 部 位
设防火分隔物的建筑		防火卷帘或防火幕	上部
		应设防火墙等防火分隔物但无法设置时	开口部位
剧院、会堂、礼堂	非高层	剧院座位超过1500个 会堂、礼堂座位超过200个	舞台口;与舞台相连的侧台后台的门、窗、洞口
	高层	座位超过800个	舞台口

(5) 系统主要组件

水幕喷头:水幕喷头喷出的水形成均匀的水帘状,起阻火、隔火作用,以防止火势蔓延扩大。图4-55为水幕喷头的结构类型。

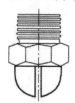 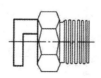 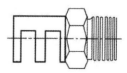

图 4-55　水幕喷头的结构类型

（6）喷头的选型与布置

①喷头的选型。

防火分隔水幕应采用开式洒水喷头或水幕喷头。防护冷却水幕应采用水幕喷头。

②喷头的布置。

a.防护冷却水幕喷头的布置。

防护冷却水幕喷头宜布置成单排，且喷水方向应指向保护对象。当防护冷却水幕保护对象有两侧受火面时，应在其两侧设置水幕。喷头的间距 S 应根据水力条件计算确定，如图 4-56 所示。

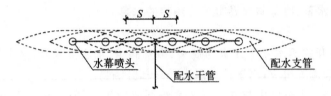

图 4-56　水幕喷头防护冷却水幕布置示意图

b.防火分隔水幕的布置。

防火分隔水幕的喷头布置，应保证水幕的宽度不小于 6 m。采用水幕喷头时，喷头不应少于 3 排；采用开式洒水喷头时，喷头不应少于 2 排。防火分隔水幕建议采用开式洒水喷头。防火分隔水幕三排布置和双排布置示意图如图 4-57 和图 4-58 所示。图中喷头间距 S 应根据水力条件计算确定。

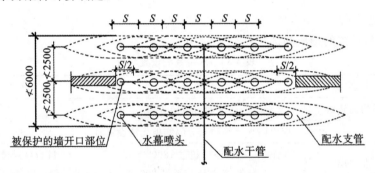

图 4-57　防火分隔水幕三排布置示意图

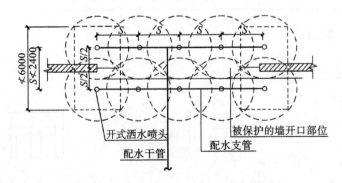

图 4-58　防火分隔水幕双排布置示意图

（7）系统设计与计算

①基本设计参数。

水幕系统的基本设计参数应符合表 4-35 的规定。

表 4-35　水幕系统的基本设计参数

水幕类别	喷水点高度/m	喷水强度/[L/(s·m)]	喷水工作压力/MPa	持续喷水时间/h
防火分隔水幕	≤12	2	0.1	1.0
防护冷却水幕	≤4	0.5	0.1	1.0

注：防护冷却水幕的喷水点高度每增加 1 m，喷水强度应增加 0.1 L/(s·m)，但超过 9 m 时喷水强度仍采用 1.0 L/(s·m)。

②水幕系统消防用水量。

水幕系统消防用水量与水幕长度、水幕喷水强度和火灾持续时间有关，按式（4-39）计算：

$$V_{13} = 3.6 \times L \times q_{\circ} \times T \qquad (4\text{-}39)$$

式中：V_{13}——水幕系统消防用水量，m^3；

　　$q_{\circ}$——水幕喷水强度，L/(s·m)，见表 4-35；

　　T——持续喷水时间，见表 4-35。

　　L——水幕长度，m。

③水力计算。

水幕系统的水力计算与闭式自动喷水灭火系统的管道水力计算方法相同。

4.3　气体灭火系统

气体灭火系统是以某些气体作为灭火介质，通过这些气体在整个防护区或保护对象周围的局部区域建立起灭火浓度实现灭火。气体灭火系统主要用于保护某些特殊场合（各类机房、图书馆、博物馆等不宜用喷水灭火系统的场所），是固定式灭火系统中的一种重要形式。

4.3.1　气体灭火系统的分类和特点

根据所使用的灭火剂，我国气体灭火系统主要有七氟丙烷灭火系统、IG-541 混合气体灭火系统、热气溶胶预制灭火系统、二氧化碳灭火系统四种类型。

（1）七氟丙烷灭火系统

七氟丙烷灭火系统是一种高性能的灭火系统，主要成分是七氟丙烷（HFC-227ea）。其灭火机理如下。

①化学抑制：七氟丙烷灭火剂能够惰化火焰中的活性自由基，阻断燃烧时的链式反应。

②冷却：七氟丙烷灭火剂在喷出喷嘴时，液体灭火剂迅速转变成气态，需要吸收大量热量，降低了保护区内火焰周围的温度。

③窒息：保护区内灭火剂的喷放降低了氧气的浓度，从而降低了燃烧的速度。

（2）IG-541 混合气体灭火系统

IG-541 是由大气层中的 N_2、Ar、CO_2 按一定浓度（52∶40∶8）组成的混合气体，是一种无毒、无色、无味、惰性、无腐蚀及不导电的压缩气体。它既不支持燃烧，又不与大部分物质发生反应，且来源丰富。其灭火机理是以物理方式灭火，主要依靠把氧气浓度降低到不能支持燃烧的浓度来扑灭火灾。

（3）热气溶胶灭火系统

热气溶胶灭火剂是由氧化剂、还原剂（也称可燃剂）、黏合剂、燃速调节剂等物质构成的固体混合药剂。其灭火机理是，在启动电流或热引发下，经过药剂自身的氧化还原反应而生成灭火气溶胶，通过无规则的布朗运动迅速弥漫整个火灾空间，以物理吸热降温和化学抑制进行灭火。其生成的盐类气溶胶对人体无影响，且电阻极大（绝缘），适用于计算机机房、通信机房以及纸张、木材和其他固体表面火灾。

（4）二氧化碳灭火系统

二氧化碳灭火系统是气体消防的一种，主要成分是二氧化碳（CO_2）。其灭火机理主要靠窒息作用，并有一定的冷却降温作用，适用于扑救气体火灾、液体或可熔化固体（如石蜡、沥青等）火灾、固体表面火灾及部分固体（如棉花、纸张等）的深位火灾，以及电气火灾。二氧化碳灭火系统较为经济，能远距离输送，但因较高的灭火浓度对人有窒息作用，不宜用于保护经常有人工作的场所，一般很少在民用建筑中应用。

4.3.2 七氟丙烷灭火系统

1. 七氟丙烷的特性

七氟丙烷（HFC-227ea）灭火剂是一种无色、无味、低毒性（有毒反应浓度 10.5％）、不导电、无二次污染、对大气臭氧层的耗损潜能值为零的气体。它是以化学灭火方式为主的清洁气体灭火剂。

七氟丙烷具有以下优点：

①有良好的灭火效率，灭火速度快（一般不大于 20 min），效果好，灭火浓度低（低于 10％）；

②对大气臭氧层无破坏作用；

③不导电，灭火后无残留物或油渍，毒性低，可用于经常有人工作的场所。

2. 七氟丙烷的应用范围

（1）适宜扑救的火灾类型

七氟丙烷可以扑灭 A、B、C 类及电气火灾。

①电气火灾，如变配电设备、发动机、发电机、电缆等。

②固体表面火灾，如纸张、木材、织物、塑料、橡胶等。

③液体火灾或可熔化固体火灾，如煤油、汽油、柴油以及醇、醚、酯、苯类。

④可燃气体火灾，如甲烷、乙烷、燃气、天然气等。

（2）典型的应用场所及灭火浓度

典型的应用场所包括：电气和电子设备室；通信设备室；发电机房、移动电站等应急电力设备；国家保护文物中的金属、纸绢质制品和音像档案库；易燃和可燃液体储存间及有可燃液体的设备用房；喷放灭火剂之前可切断可燃、助燃气体气源的可燃气体火灾危险场所；经常有人工作而需要设置气体保护的区域或场所。相关灭火浓度及时间见表4-36。

表 4-36　七氟丙烷灭火浓度及时间

适 应 场 所	设计灭火浓度	设计喷放时间/s	灭火浸渍时间/min	备注
固体表面	5.8%		10	
木材、纸张、织物等固体	5.8%	≤10	20	实际灭火浓度为设计浓度的1.3倍
图书、档案、票据、文物资料库等	10%		20	
油浸变压器、带油开关的配电房等	9%		≥1	
通信机房、计算机机房等	8%	≤8	5	
气体和液体	据 GB 50370—2005 附录 A-1	≤10	≥1	

3. 七氟丙烷灭火系统分类

七氟丙烷灭火系统适用的灭火方式为全淹没式。

七氟丙烷灭火系统可以是管网系统和无管网系统。

七氟丙烷灭火系统采用无管网系统时，一般采用柜式无管网灭火装置。主要适用于计算机房、档案库、贵重物品库、电信数据中心、配电房等火灾面积较小的防护空间。柜式（无管网）预制灭火装置外形如图4-59所示。

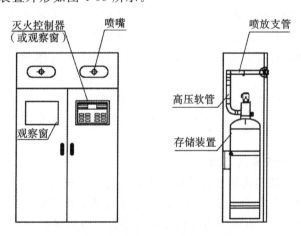

图 4-59　柜式预制灭火装置外形图

无管网灭火装置不需要单独设置储瓶间，储气瓶及整个系统均设置在防护区内。火警发生时，装置直接向防护区内喷放灭火剂。对原有建筑进行功能改造需增设气体灭火系统时，使用柜式无管网灭火装置更经济、更合理、更快捷。

管网式七氟丙烷灭火系统可以分为单元独立系统和组合分配系统。单元独立系统是用一套灭火器瓶组保护一个防护区的灭火系统。组合分配系统是用一套气体灭火剂瓶组通过管网的选择分配,保护两个或两个以上防护区的灭火系统。

管网系统主要由灭火剂钢瓶、启动瓶、容器阀、电磁型驱动器、气动性机械性组合驱动器、液流单向阀、信号反馈装置、高压软管、集流管、安全阀、喷嘴、管道以及配套使用的高压氮气瓶、火灾联动报警控制系统等组成,且灭火剂钢瓶宜设在专用储瓶间或装置设备间内。当防护区发生火灾时,感烟和感温探测器首先发出信号报警,消防控制中心接到火灾信号后,启动联动设备,并打开启动瓶的电磁启动器,启动瓶中的高压氮气注入灭火剂钢瓶,使灭火剂钢瓶内压力迅速升高,推动灭火剂在管网中长距离输送,增强灭火剂的雾化效果,更有效地实施灭火。

七氟丙烷灭火系统按灭火剂在储存容器中的储压分类,可分为一级、二级、三级,对应的储存压力为 2.5 MPa、4.2 MPa 和 5.6 MPa,相应单位容器填充质量分别不大于 1120 kg/m³、950 kg/m³、1080 kg/m³。

4.3.3　IG-541 灭火系统

1. IG-541(烟烙尽)的特征

IG-541 由 52% 的 N_2、40% 的 Ar 和 8% 的 CO_2 混合气体组成,是一种无色、无味、无毒及不导电的压缩气体。它既不支持燃烧,又不与大部分物质发生反应,且来源丰富,无腐蚀性。

IG-541 混合气体以物理方式灭火,主要依靠把氧气浓度降低到不能支持燃烧的浓度来扑灭火灾。作为一种洁净气体灭火剂,其具有如下优点:

①对环境完全无害,可确保长期使用;

②对人体无害,可用于有人活动的场所;

③不产生任何化学分解物,对精密的仪器设备和珍贵的数据资料无腐蚀作用;

④防护区内温度不会急剧下降,对精密的仪器设备和珍贵的数据资料无任何伤害。

IG-541 灭火剂虽具有上述多方面优点,但因 IG-541 属气体单相灭火剂,故存在以下缺点:

①不能作局部喷射使用,不能以灭火器方式使用;

②灭火剂用量过大,与其他气体灭火系统相比要有更多的储存钢瓶和更粗的喷放管道。

2. IG-541 灭火系统应用范围

IG-541 灭火系统特别适用于必须使用不导电的灭火剂实施消防保护的场所;使用其他灭火剂易产生腐蚀或损坏设备、污染环境、造成清洁困难等问题的消防保护场所;防护区内经常有人工作而要求灭火剂对人体无任何毒害的消防保护场所。

(1)适宜扑救的火灾类型

IG-541 适宜扑救的火灾类型如下:

①固体表面火灾,如木材、棉、毛、麻、纸张及其制品等燃烧的火灾;

②液体火灾,如汽油、煤油、柴油、原油、甲醇、乙醇等燃烧的火灾;

③电气火灾,如计算机房、控制室、变压器、油浸开关、泵、发动机、发电机等场所或设备的火灾。

（2）主要应用场所

IG-541灭火系统的主要应用场所如下：

①计算机房、通信机房、配电室、变压器房、控制中心等；

②图书馆、珍宝库、贵重仪器、文物资料室、金属、纸绢制品和音像档案库等；

③燃油锅炉、发电机房、燃气机、液压站、电缆隧道等；

④易燃和可燃液体储存间；

⑤喷放灭火剂之前可切断可燃、助燃气体气源的可燃气体火灾危险场所；

⑥经常有人工作的防护区。

（3）不适宜扑救的火灾类型

IG-541灭火系统不适宜扑救的火灾类型如下：

①可燃金属火灾,如钾、钠、镁、钛等活泼金属引起的火灾；

②含有氧化剂的化合物如硝酸纤维的火灾；

③金属氢化物火灾等。

3. IG-541灭火系统类型

按应用方式和防护区的特点分,IG-541灭火系统为全淹没式的灭火系统,即在规定时间内,向保护区喷射一定浓度的灭火剂,并使其均匀地充满整个保护区的灭火系统。

IG-541灭火系统可以设计成组合分配系统和单元独立系统,组合分配系统和单元独立系统的工作原理和系统构成与七氟丙烷灭火系统相同。

由于IG-541灭火系统在存储及释放过程中均为气态,因此无论气体向上或向下输送都可以到达较远的距离,这样在组合分配系统多层楼设置时,钢瓶间的设置位置相当灵活,同时可以保护更多的防护区。

4. IG-541灭火系统控制方式

IG-541灭火系统的控制,要求同时具有自动控制、手动控制和应急操作三种控制方式,其灭火控制程序与七氟丙烷灭火系统相同。

5. IG-541灭火系统的设计要求

①IG-541灭火系统对防护区的要求与七氟丙烷灭火系统相同。

②灭火剂设计用量。

a.IG-541灭火系统的设计灭火浓度不应小于灭火浓度的1.3倍,设计惰化浓度不应小于惰化浓度的1.1倍。IG-541灭火系统的灭火浓度和惰化浓度按表4-37和表4-38确定。

表4-37　IG-541混合气体灭火浓度

可　燃　物	灭火浓度/（%）	可　燃　物	灭火浓度/（%）
甲烷	15.4	丙酮	30.3
乙烷	29.5	丁酮	35.8
丙烷	32.3	甲基异丁酮	32.3
戊烷	37.2	环己酮	42.1
庚烷	31.1	甲醇	44.2

可　燃　物	灭火浓度/（%）	可　燃　物	灭火浓度/（%）
正庚烷	31.0	乙醇	35.0
辛烷	35.8	1-丁醇	37.2
乙烯	42.1	异丁醇	28.3
醋酸乙烯酯	34.4	普通汽油	35.8
醋酸乙酯	32.7	航空汽油100	29.5
二乙醚	34.9	Avtur(Jet A)	36.2
石油醚	35.0	2号柴油	35.8
甲苯	25.0	真空泵油	32.0
乙腈	26.7		

表 4-38　IG-541 混合气体惰化浓度

可　燃　物	惰化浓度/（%）
甲烷	43.0
丙烷	49.0

　　b. IG-541 灭火系统的喷放时间按下列要求确定：当 IG-541 混合气体灭火剂喷放至设计用量的 95％时，其喷放时间不应大于 60 s，且不应小于 48 s。

　　c. IG-541 灭火时的浸渍时间见表 4-39。

表 4-39　IG-541 灭火系统的浸渍时间

火　灾　类　型	浸渍时间/min
木材、纸张、织物等固体表面火灾	20
通信机房、电子计算机房内的电气设备火灾	10
其他固体表面火灾	10

4.3.4　热气溶胶灭火系统

　　气溶胶，是指以空气为分散介质，以固态或液态的微粒为分散质的胶体体系。自然界中固态或液态的微粒包括尘土、炭黑、水滴及其凝结核和冻结核等，还包括细菌、微生物、植物花粉、孢子等。人工制造的气溶胶（烟、雾），其微粒成分和结构较复杂，可以是无机物质，也可以是有机物质，还可以是固态或液态以及固、液态结合物。分散介质为空气，分散质为液态的气溶胶称为雾；分散介质为空气，分散质是固态的气溶胶称为烟。

　　当气溶胶中的固体或液体微粒分散质具有了灭火性质，那么这种气溶胶就可应用于扑救火灾，称这种气溶胶为气溶胶灭火剂。气溶胶灭火剂所产生的灭火介质——微粒的粒径一般在 $51\mu m$ 以下，这样就使气溶胶灭火剂具有两个重要特点：一是灭火效率高，因为细小的微粒具有更大的表面积；二是可作全淹没方式灭火使用，因为细小的微粒可表现出类似气体一样的很强的扩散能力,能很快绕过障碍物,扩散、渗透到火场内任何一处微小的空隙之内,起到全淹没、无死角的灭火效果。

热气溶胶灭火剂是由氧化剂、还原剂(也称可燃剂)、黏合剂、燃速调节剂等物质构成的固体混合药剂,在启动电流或热引发下,经过药剂自身的氧化还原反应后而生成灭火气溶胶。热气溶胶的固体混合药剂称为热气溶胶灭火发生剂。热气溶胶灭火剂通过无规则的布朗运动迅速弥漫整个火灾空间,以全淹没的方式实施灭火。热气溶胶灭火发生剂化学配方中主要成分是氧化剂,由于氧化剂对热气溶胶灭火剂的性能有很大影响,所以我国根据热气溶胶灭火发生剂所采用氧化剂的不同将热气溶胶灭火剂分为 K 型和 S 型。K 型气溶胶是指由以硝酸钾为主氧化剂的固体气溶胶发生剂经化学反应所产生的灭火气溶胶,为气溶胶第二代产品。S 型气溶胶是指由含有硝酸锶和硝酸钾复合氧化剂的固体气溶胶发生剂经化学反应所产生的灭火气溶胶,为气溶胶第三代产品。第一代产品烟雾灭火系统已经被淘汰。

S 型气溶胶灭火技术也称锶盐类气溶胶灭火技术。其核心是在固体灭火气溶胶发生剂配方中采用了以硝酸锶为主氧化剂,硝酸钾为辅氧化剂的新型复合氧化剂。S 型气溶胶灭火技术与 K 型气溶胶灭火技术相比具有以下三个方面的优点:

①采用硝酸钾作辅氧化剂,使灭火气溶胶既保证了高的灭火效率和合理的喷放速度,又使硝酸钾分解产物的浓度控制在对精密设备产生损害的浓度以下;

②主氧化剂硝酸锶的分解产物不会吸收水分,避免了对设备的腐蚀;

③S 型气溶胶灭火剂的熔点高,灭火气体中固体微粒含量少,粒径小,不易沉降,更接近洁净气体灭火剂。

1. 热气溶胶灭火剂的特征

①吸热降温灭火作用。气溶胶中的固体微粒主要是金属氧化物。进入燃烧区内,它们在高温时会分解,其分解过程是强烈的吸热反应,因而能大量吸收燃烧产生的热量,使着火区温度迅速下降,燃烧反应的速度得到一定的抑制,这种作用在火灾初期尤为明显。

②化学抑制灭火作用。在上述一系列吸热反应后,气溶胶固体微粒离解出的金属物质能以蒸气或阳离子的形式存在于燃烧区,它与燃烧产物中的活性基团 H^+、OH^- 和 O^- 发生多次链式反应,消耗活性基团和抑制活性基团之间的放热反应,从而使燃烧的链式反应中断,使燃烧得到抑制。

③固相化学抑制作用。在燃烧区内被分解和气化的气溶胶的固体微粒只是一部分,未被分解和气化的固体微粒粒径很小,具有很大的比表面和表面积能,因而在与燃烧产物中的活性基团的碰撞过程中,被瞬时吸附并发生化学作用,由于反应的反复进行,能够起到消耗活性基团的目的。这将减少自由基的产生,从而抑制燃烧速度。

总的来说,热气溶胶的灭火作用是由上述几种机理协同作用的结果,其中以化学抑制作用为主。S 型热气溶胶的灭火机理与 K 型热气溶胶的灭火机理从原理上来说是一致的,只是起灭火作用的固体微粒成分性质不同,除了钾盐和氧化钾以外,主要还是锶盐和氧化锶在起作用。

2. 热气溶胶灭火系统的设置

(1) 设置场所

①适合气溶胶灭火系统扑救的初期火灾：

a. 变配电间、发电机房、电缆夹层、电缆井(沟)等场所的火灾；

b. 生产、使用或贮存柴油(35号柴油除外)、重油、变压器油、动植物油等丙类可燃液体场所的火灾；

c. 可燃固体物质的表面火灾。

②S型气溶胶灭火系统适用而K型不适用的火灾：计算机房、通信机房、通信基站、数据传输及贮存设备等精密电子仪器场所的火灾。

③不能用气溶胶灭火系统扑救的火灾：

a. 硝化纤维、硝酸钠等氧化剂或含氧化剂的化学制品火灾；

b. 钾、钠、镁、钛等活泼金属火灾；

c. 氢化钾、氢化钠等金属氢化物火灾；

d. 过氧化氢、联氨等能自行分解的化学物质火灾；

e. 可燃固体物质的深位火灾。

(2) 气溶胶灭火系统的工作原理

热气溶胶的工作原理如图4-60所示，包括药剂点燃和冷却降温两个过程。

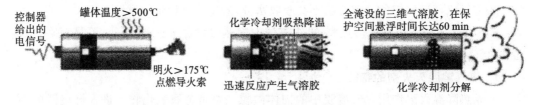

图4-60 热气溶胶的工作原理

①药剂点燃。

目前我国采用的均是电启动的方式。

电启动由系统中的气体灭火控制器或手动紧急按钮提供输入脉冲电流，电流经电点火头，点燃固体药粒，而达到释放气体的目的。

另两种方式是导火索点燃和热启动方式。导火索点燃是当外部火源引燃连接在固体药剂上的导火索后，导火索点燃固体药剂而达到灭火的目的。热启动是当外部温度超过170 ℃时，利用热敏线自发启动灭火系统内部固体药剂点燃，释放出灭火气溶胶。

②冷却降温。

冷却降温目前有两种方式。

a. 物理降温：通过在气溶胶发生器中加些金属散热片或物理流道而达到降温的目的，这种方式是较早期的降温方式，目前国内大多数厂家都采用这种方式。

b. 化学降温：根据有些化学物品的吸热原理，如碱式碳酸镁，将其混入灭火剂或制成丸状放入气体发生器中而达到降温作用，国外的公司一般采用这种方式。

4.3.5　二氧化碳灭火系统

二氧化碳灭火系统是一种纯物理的气体灭火系统。

二氧化碳是一种无色、无臭,不燃烧、不助燃的气体,便于装罐与储存。但过高的浓度会使人窒息,甚至死亡。

二氧化碳灭火系统可以应用于局部应用系统,也可以应用于全淹没系统。

二氧化碳灭火系统按存储压力分为 5.17 MPa 的高压存储系统和 2.07 MPa 的低压存储系统两种规格。

二氧化碳灭火系统的组成与工作原理与七氟丙烷灭火系统相同。

二氧化碳灭火系统可以用来扑灭气体火灾、电气火灾、液体或可熔化固体火灾、固体表面火灾及部分固体深位火灾等。

4.3.6　几种灭火剂的比较

几种灭火剂的综合指标见表 4-40。

几种灭火剂特性比较

表 4-40　几种灭火剂的综合指标比较

灭　火　剂	七氟丙烷	IG-541	K 型、S 型气溶胶	CO_2
灭火方式	化学	物理	化学	物理
消耗臭氧潜能值	0	0	0	0
灭火浓度	6.4%	35.5%	30 g/m³	20%
设计灭火浓度	8%～10%	37.5%～42.8%	70～140 g/m³	34%～75%
喷射时间	10 s	60 s	10 s	60 s
灭火速度	快	慢	快	慢
全球变暖潜能值	2050	0	0	1
大气停留时间	31 年	0	0	120 年
最小灭火体积分数	7%	36.5%	3%	34%
毒性值	低毒	无	无	窒息
储存压力	2.5/4.2/5.6 MPa	15/20 MPa	常压	5.17/2.07 MPa
灭火效率	中	低	高	低
工程造价	中	高	低	高
人体安全性	有危险影响	安全性高	有危险影响	不安全

4.4　建筑灭火器的配置

灭火器是扑救初期火灾的重要消防器材,轻便灵活,使用方便,可手提或推拉至着火点附近,及时灭火,属消防实战灭火过程中较理想的第一线灭火装备。应正确地选择建筑物内灭火器的类型,确定灭火器的配置规格与数量,合理地定位及设置灭火器,保证足够的灭火能力,并注意定期检查和维护灭火器,在被保护场所一旦着火时,就能迅速地用灭火器扑灭初期小火,减少火灾损失,保障人身和财产安全。

4.4.1 适用范围

1. 建筑灭火器的适用范围

建筑灭火器的适用范围包括:

①新建、改建、扩建的生产、使用和储存可燃物的各类工业与民用建筑场所;

②已安装消火栓和灭火系统的各类建筑物,仍需配置灭火器作早期保护。

2. 建筑灭火器不适用的范围

建筑灭火器不适用的范围包括:生产或储存炸药、弹药、火工品、花炮的厂房或库房。

4.4.2 灭火器配置场所的火灾种类和危险等级

1. 火灾种类

根据物质及其燃烧特性,灭火器配置场所的火灾可划分为五类。

①A类火灾:固体物质火灾,如木材、棉、毛、麻、纸张及其制品等燃烧的火灾。

②B类火灾:液体火灾或可熔化固体物质火灾,如汽油、煤油、柴油、原油、甲醇、乙醇、沥青、石蜡等燃烧的火灾。

③C类火灾:气体火灾,如煤气、天然气、甲烷、乙烷、丙烷、氢气等燃烧的火灾。

④D类火灾:金属火灾,如钾、钠、镁、钛、锆、锂、铝镁合金等燃烧的火灾。

⑤E类(带电)火灾:物体带电燃烧的火灾。如发电机房、变压器室、配电间、仪器仪表间和电子计算机房等在燃烧时不能及时或不宜断电的电气设备带电燃烧的火灾。

存在 A 类火灾的民用建筑场所的举例,见表 4-41。

存在 A 类火灾的工业建筑场所的举例,见表 4-42。

存在 B 类火灾的民用建筑场所的举例,见表 4-43。

存在 B 类火灾的工业建筑场所的举例,见表 4-44。

存在 C 类火灾的民用建筑场所的举例,见表 4-45。

存在 C 类火灾的工业建筑场所的举例,见表 4-46。

表 4-41 存在 A 类火灾危险的民用建筑场所举例

序　号	场 所 举 例	序　号	场 所 举 例
1	资料室、档案室	7	图书馆、美术馆
2	旅馆客房	8	百货楼、营业厅、商场
3	电影院、剧院、会堂、礼堂的舞台及后台	9	邮政信函和包裹分拣房、邮袋库
4	医院的病历室	10	文物保护场所
5	博物馆	11	教学楼
6	电影、电视摄影棚	12	办公楼

表 4-42　存在 A 类火灾危险的工业建筑场所举例

序　号	场 所 举 例	序　号	场 所 举 例
1	木工厂房和竹、藤加工厂房	7	印刷厂房
2	针织、纺织、化纤生产厂房	8	纸张、竹、木及其制品的库房
3	服装加工厂房和印染厂房	9	人造纤维及其织物的库房
4	麻纺厂粗加工厂房和毛涤厂选毛厂房	10	火柴、香烟、糖、茶叶库房
5	谷物加工厂房	11	中药材库房
6	卷烟厂的切丝、卷制、包装厂房	12	橡胶、塑料及其制品的库房

表 4-43　存在 B 类火灾危险的民用建筑场所举例

序　号	场 所 举 例	序　号	场 所 举 例
1	民用燃油锅炉房	4	厨房的烹调油锅灶
2	使用甲、乙、丙类液体和有机溶剂的理化试验室及库房	5	民用的油浸变压器室、充油电容器室、注油开关室
3	装修公司的油漆间及其库房	6	汽车加油站

表 4-44　存在 B 类火灾危险的工业建筑场所举例

序　号	场 所 举 例	序　号	场 所 举 例
1	甲、乙、丙类油品和有机溶剂的提炼、回收、洗涤部位及其泵房、罐桶间	5	工业用燃油锅炉房
2	甲醇、乙醇、丙醇等合成或精制厂房	6	柴油、机器油或变压器油罐桶间
3	植物油加工厂的浸出厂房和精炼厂房	7	油淬火处理车间
4	白酒库房	8	汽车加油库、修车间

表 4-45　存在 C 类火灾危险的民用建筑场所举例

序　号	场 所 举 例	序　号	场 所 举 例
1	厨房的液化气瓶灶、煤气灶和沼气灶	2	民用液化气站、罐瓶间

表 4-46　存在 C 类火灾危险的工业建筑场所举例

序　号	场 所 举 例	序　号	场 所 举 例
1	天然气、石油伴生气、水煤气等的厂房、压缩机室和鼓风机室	3	液化石油气罐桶间
2	乙炔站、氢气站、燃气站、氧气站	4	工业用燃气锅炉房

2. 危险等级

根据使用性质、火灾危险性、可燃物数量、火灾蔓延速度以及扑救难易程度等因素,将建筑灭火器配置场所的危险等级划分为三个等级,划分情况见表 4-47 和表 4-48。

表 4-47　民用建筑灭火器配置场所的火灾危险等级划分及举例

火灾险等级	设置场所举例	设置场所的特点
严重危险级	重要的资料室、档案室;设备贵重或可燃物多的实验室;广播电视播音室、道具间;电子计算机房及数据库;重要的电信机房;高级旅馆的公共活动用房及大厨房;电影院、剧院、会堂、礼堂的舞台及后台部位;医院的手术室、药房和病历室;博物馆、图书馆、珍藏室复印室;电影、电视摄影棚	火灾危险性大、可燃物多、起火后蔓延迅速或容易造成重大火灾损失的场所
中危险级	设有空调设备、电子计算机、复印机等的办公室;学校或科研单位的物理化学实验室;广播、电视的录音室、播音室;高级旅馆的其他部位;电影院、剧院、会堂、礼堂、体育馆的放映室;百货楼、营业厅、综合商场;图书馆、书库;多功能厅、餐厅及厨房;展览厅;医院的理疗室、透视室、心电图室;重点文物保护场所;邮政信函和包裹分拣房、邮袋库;高级住宅;燃油、燃气锅炉房;民用的油浸变压器和高、低压配电室	火灾危险性较大、可燃物较多、起火后蔓延较迅速的场所
轻危险级	电影院;医院门诊部、住院部;学校教学楼、幼儿园与托儿所的活动室;办公室;车站、码头、机场的候车、候船、候机厅;普通旅馆、商店;十层及十层以上的普通住宅	危险性较小、可燃物较少、起火后蔓延较缓慢的场所

表 4-48　工业建筑灭火器配置场所的火灾危险等级划分及举例

火灾危险等级	设置场所举例	设置场所的特点
严重危险级	甲、乙类物品厂房和库房	火灾危险性大、可燃物多、起火后蔓延迅速或容易造成重大火灾损失的场所
中危险级	丙类物品厂房和库房	火灾危险性较大、可燃物较多、起火后蔓延较快的场所
轻危险级	丁、戊类物品厂房和库房	火灾危险性较小、可燃物较少、起火后蔓延较缓慢的场所

4.4.3　建筑灭火器种类

①按结构形式分类:手提式灭火器、推车式灭火器。

②按充装的灭火剂分类:水基型灭火器(包括水型灭火器和泡沫灭火器)、干粉灭火器(包括磷酸铵盐(ABC)干粉灭火器和碳酸氢钠(BC)干粉灭火器)、二氧化碳灭火器、卤代烷(1211)灭火器、六氟丙烷灭火器。

水型灭火器是利用两种药液混合后喷射出来的水溶液扑灭火焰,适用于扑救竹、棉、毛、草、纸等一般可燃物质的初期火灾,但不适用于油、忌水、忌酸物质及电气设备的火灾。

泡沫灭火器将酸液和碱液分别充装在两个不同的筒内,混合后发生反应,适用于扑救油脂类、石油产品及一般固体物质。

干粉灭火器以高压 CO_2 或氮气气体作为驱动动力,其中储气式以 CO_2 作为驱动气体;储压式以氮气作为驱动气体,来喷射干粉灭火剂。干粉灭火器适用于各类火灾的扑救。

二氧化碳灭火器主要用于扑救贵重设备、档案资料、仪器仪表、600 V 以下的电器和油脂等火灾。

卤代烷(1211)灭火器是一种轻便高效的灭火器,适用于扑救油类、精密机械设备、仪表、电子仪器设备及文物、图书馆档案等贵重物品。但为了保护大气臭氧层和人类生态环境,在非必要场所应当停止再配置卤代烷灭火器。民用建筑非必要配置卤代烷灭火器的场所见表 4-49。

表 4-49　民用建筑非必要配置卤代烷灭火器的场所

序　　号	场　　　　所
1	电影院、剧院、会堂、礼堂、体育馆的观众厅
2	医院门诊部、住院部
3	学校教学楼、幼儿园与托儿所的活动室
4	办公楼、住宅、旅馆的公共场所、走廊、客房
5	商店、百货楼、营业厅、综合商场
6	图书馆、一般书库、展览厅
7	民用燃油、燃气锅炉房
8	车站、码头、机场的候车、候船、候机厅

4.4.4　灭火器的设置

1. 灭火器的设置要求

①灭火器应设置在位置明显和便于取用的地点,且不得影响安全疏散。比如房内墙边、走廊、楼梯间、电梯前室、门厅等处,不宜放在房间中央或墙角处,并避开门窗、风管和工艺设备等。

②灭火器的摆放应稳固,其铭牌应朝外。手提式灭火器宜设置在灭火器箱内或挂钩、托架上,其顶部离地面高度不应大于 1.50 m;底部离地面高度不宜小于 0.08 m。灭火器箱不得上锁。

③灭火器不宜设置在潮湿或强腐蚀性的地点。当必须设置时,应有相应的保护措施。当设置在室外时,应有相应的保护措施。

应根据配置场所的火灾种类正确选用建筑灭火器。灭火器的类型选择见表 4-50

表 4-50　灭火器类型的选择

火灾种类	可选择的灭火器类型
A 类火灾	水型灭火器、磷酸铵盐(ABC)干粉灭火器、泡沫灭火器或卤代烷灭火器
B 类火灾	泡沫灭火器、碳酸氢钠(BC)干粉灭火器、磷酸铵盐干粉灭火器、二氧化碳灭火器、B 类火灾的水型灭火器或卤代烷灭火器

火 灾 种 类	可选择的灭火器类型
C类火灾	磷酸铵盐干粉灭火器、碳酸氢钠干粉灭火器、二氧化碳灭火器或卤代烷灭火器
D类火灾	扑灭金属火灾的专用灭火器
E类火灾	磷酸铵盐干粉灭火器、碳酸氢钠干粉灭火器、卤代烷灭火器或二氧化碳灭火器,但不得选用装有金属喇叭喷筒的二氧化碳灭火器

注:1. 在同一灭火器配置场所,宜选用相同类型和操作方法的灭火器。当同一灭火器配置场所存在不同火灾种类时,应选用ABC干粉灭火器等通用型灭火器。

2. 非必要场所不应配置卤代烷灭火器,必要场所可配置卤代烷灭火器。

2. 灭火器的最大保护距离

保护距离是指灭火器配置单元(或场所)内,任一着火点到最近灭火器设置点的行走距离。它与发生火灾的种类、建筑物的危险等级以及灭火器的形式(是手提式还是推车式)有关,与设置的灭火器的规格和数量无关。

设置在A类火灾场所的灭火器,其最大保护距离应符合表4-51的规定。

表4-51　A类火灾场所的灭火器最大保护距离(m)

灭火器类型		手提式灭火器	推车式灭火器
危险等级	严重危险级	15	30
	中危险级	20	40
	轻危险级	25	50

设置在B、C类火灾场所的灭火器,其最大保护距离应符合表4-52的规定。

表4-52　B、C类火灾场所的灭火器最大保护距离(m)

灭火器类型		手提式灭火器	推车式灭火器
危险等级	严重危险级	9	18
	中危险级	12	24
	轻危险级	15	30

D类火灾场所的灭火器,其最大保护距离应根据具体情况研究确定。

E类火灾场所的灭火器,其最大保护距离不应低于该场所内A类或B类火灾的规定。

3. 灭火器设置点的确定方法

根据保护距离确定灭火器设置点的方法有三种。

①保护圆设计法。保护圆设计法一般用在火灾种类和危险等级相同且面积较大的车间、库房,以及同一楼层中性质特殊的独立单元,如计算机房、物理化学实验室等。方法是将所选择的灭火器设置点为圆心,以灭火器的最大保护距离为半径画圆,如能将灭火器配置单元完全包括进去,则所选的设置点符合要求。图4-61为一个工业建筑A类火灾轻危险级厂房,采用保护圆法确定灭火器设置点的示意图。在运用保护圆设计法确定灭火器

的设置点时,要尽量采用设置点少的方案。对于有柱子的独立单元常以柱子为圆心作为设置点,并注意保护圆不得穿过墙和门。

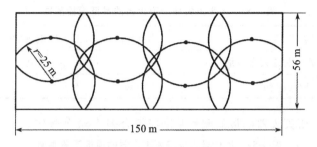

图 4-61　保护圆设计法确定灭火器设置点示意图

②实际测量设计法。实际测量设计法一般用在有隔墙或隔墙较多的组合单元内,如有成排办公室或客房的办公楼或旅馆等。方法是在建筑物平面图上实际测量建筑物内任何一点与最近灭火器设置点的距离是否在最大保护距离之内。若有多种灭火器设置点的方案,应采用设置点较少的方案。图 4-62 为某组合单元采用实际测量设计法确定的灭火器设置点示意图。

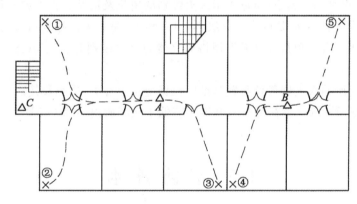

图 4-62　实际测量法确定灭火器设置点示意图

△—灭火器设置点;×—距设置点的最远点

③保护圆结合实际测量设计法。该法是将上述两种方法结合在一起使用。原则上采用保护圆设计法,仅当碰到门、墙等阻隔使保护圆设计法不适用时,再局部采用实际测量设计法。

4.4.5　灭火器的配置

1. 灭火器配置的基本原则

①一个计算单元内配置的灭火器数量不得少于 2 具。

②每个设置点的灭火器数量不宜多于 5 具。

③当住宅楼每层的公共部位建筑面积超过 100 m² 时,应配置 1 具 1A 的手提式灭火器;每增加 100 m²,增配 1 具 1A 的手提式灭火器。

2. 灭火器的最低配置基准

A 类火灾场所灭火器的最低配置基准应符合表 4-53 的规定。

表 4-53　A 类火灾场所灭火器的最低配置基准

危 险 等 级	严重危险级	中危险级	轻危险级
每具灭火器最小配置灭火级别	3A	2A	1A
最大保护面积/m²	50	75	100

B、C 类火灾场所灭火器的最低配置基准应符合表 4-54 的规定。

表 4-54　B、C 类火灾场所灭火器的最低配置基准

危 险 等 级	严重危险级	中危险级	轻危险级
每具灭火器最小配置灭火级别	89B	55B	21B
最大保护面积/m²	0.5	1.0	1.5

灭火级别可定量和定性表示灭火器的灭火能力。灭火器的灭火级别由数字和字母组成,数字表示灭火级别的大小,字母表示灭火级别的单位及适用扑救火灾的种类。目前世界各国现行标准仅有 A 和 B 两类灭火级别。1A 和 1B 是灭火器扑救 A 类火灾、B 类火灾的最低灭火等级。我国现行标准系列规格灭火器的灭火级别有 3A、5A、8A 等和 1B、2B、5B 等两个系列。

D 类火灾场所的灭火器最低配置基准应根据金属的种类、物态及其特性等研究确定。

E 类火灾场所的灭火器最低配置基准不应低于该场所内 A 类(或 B 类)火灾的规定。

4.5　消 防 排 水

随着水消防系统的不断完善,消防排水问题逐步显现出来。水消防系统包括消防给水系统和消防排水系统,故在设有消防给水系统的同时,应考虑消防排水。深入考虑消防排水问题,有利于完善水灭火系统设计,确保系统的运行安全,并对保护建筑、财产,防止水渍破坏有一定的意义。

在水消防系统中,系统的许多部位和场所均会产生消防排水,如系统在扑灭火灾时会产生多余溢流(简称灭火排水);系统本身在检查试验时的排水(简称系统排水);在火灾时由于紧急疏散造成的给水设备无法关闭的出流漫溢;设备和管道因火灾发生的破坏而造成的出流排水等。所以在水消防系统中的消防电梯井底、报警阀处、末端试水装置或末端试水阀处、消防泵房、设有水喷雾灭火系统的场所以及设有消防给水的人防工程等都应考虑消防排水问题。

消防排水首先要充分利用生活排水设施,如消防泵房的排水、地下人防工程及地下车库等场所的排水,其次考虑设置专用的消防排水系统。

4.5.1　消防电梯排水

消防电梯井基坑的排水是不容忽视的问题。为保证排水的可靠,消防电梯井底基坑下应设独立的消防排水设施。消防排水井的容量不应小于 2 m³,排水泵的排水量不应小于 10 L/s。消防电梯间前室门口宜设置挡水设施。

设计中一般采用两种做法将流入电梯井底部的水直接排向室外。

(1)消防电梯不达地下室

这种情况可在电梯缓冲基座下面设集水坑。电梯的缓冲基座一般需 1.8 m 左右,地下室地面上有足够的空间可做集水坑。潜水泵的阀门等可设在坑内水面以上,以方便维护管理。电梯基底地板上需预留过水孔,将消防时的积水引入集水坑。消防电梯不达地下室的情况下集水坑排水做法如图 4-63 所示。

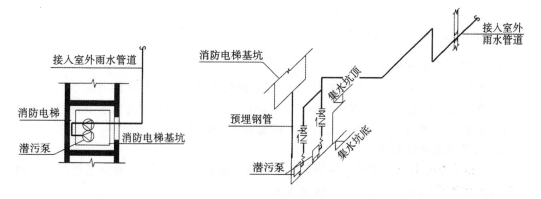

图 4-63　消防电梯不达地下室时集水坑排水做法

(2)消防电梯直达地下室

这种情况往往受高层建筑基础深度的限制,不宜在消防电梯井筒底部设集水坑,可在消防电梯旁或利用相邻的仅达一层的普通电梯基坑以下的空间做集水坑,再适当下卧,并在消防电梯基底地板上设过水孔或直接埋设排水管,将消防电梯基底下的废水引入集水坑。为满足排水井容量不应小于 2 m³ 的要求,集水坑底与消防电梯基板的距离应保持在 0.8 m 以上。该类消防电梯集水坑排水做法如图 4-64 所示。

4.5.2　自动喷水灭火系统的排水

在自动喷水灭火系统中,其末端试水装置一般设在水流指示器后的管网末端,每个报警阀组控制的最不利点喷头处,在其他防火分区、楼层的最不利点处均应设直径为 25 mm 的试水阀,末端试水装置或末端试水阀的出水管不应与排水管直接相连,宜采用间接(孔口出流)的方式排入排水管道。接试水阀或试水装置的排水立管管径不应小于 DN50。

在安装报警阀组的部位也应有排水设施,报警阀的试验排水管不应与排水管直接相连,其排水管的管径不应小于 DN75。

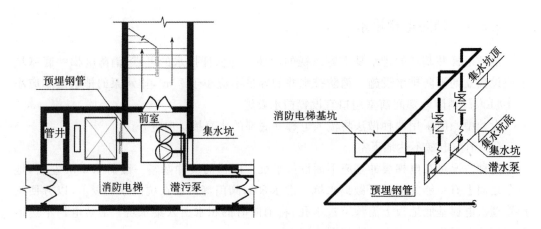

图 4-64　消防电梯直达地下室时集水坑排水做法

4.5.3　消防泵房的排水

1. 消防泵房排水设计

消防泵房内应有消防排水措施,地上式消防泵房排水管道的排水能力应不小于消防给水泵的最大供水流量;地下式消防泵房应设消防排水泵,应确保消防给水泵检测试验时排水的需要,但排水泵流量不应小于 10 L/s,集水坑容积不应小于 2 m³。

2. 消防排水泵的要求

消防排水泵的流量宜按排水量的 1.2 倍选型。扬程按提升高度、管路系统的水头损失经计算确定,并应附加 2～3 m 的流出水头。

消防排水泵应安装在便于维修、管理和能就近排入雨水管道的部位。消防排水泵宜单独设置排水管排至室外,排出管的横管段应有坡度坡向排出口。当 2 台或 2 台以上排水泵共用一条出水管时,应在每台水泵出水管上装设阀门和止回阀,单台水泵排水有可能产生倒灌时,亦设置阀门和止回阀。

消防排水泵的启、停应由消防排水集水坑内的水位自动控制。

3. 消防水泵试验装置的排水

消防水泵出水管上应装设试验和检查用的放水阀门。

4. 消防水池的排水

设于地下室的消防水池,其溢水和泄空水的排放应利用消防泵房排水设施进行;设于室外或地面的消防水池则将溢水和泄空水排入雨水管道。

思 考 题

1. 设置屋顶消火栓的目的是什么?

2. 生活用水与消防用水共用消防水池时,应采取哪些技术措施保证消防用水不作他用?

3. 简述室内、外消火栓系统的工作原理。

4. 湿式、干式、预作用自动喷水灭火系统的主要区别是什么?

5. 水喷雾灭火系统由哪些主要部件组成？

6. 水喷雾灭火系统的喷头布置有哪些要求？

7. 气体灭火系统主要有哪几种控制方式？

8. 灭火器的设置应遵循哪些规定？

第5章 建筑防排烟

5.1 概　　述

5.1.1 设置防排烟的目的

现代化的高层民用建筑,可燃物较多,还有相当多的高层建筑使用了大量的塑料装修、化纤地毯和用泡沫塑料填充的家具,这些可燃物在燃烧过程中会产生大量的有毒烟气和热,同时消耗大量的氧气。

火灾产生的烟气是一种混合物,其中含有 CO、CO_2 和多种有毒、腐蚀性气体以及火灾空气中的固体碳颗粒。其主要危害如下。

1. 烟气的毒性

烟气中含有大量有毒气体,据统计,约85%的火灾丧生人员属于烟气窒息致死,因吸入烟尘和 CO 等有毒气体引起昏迷而罹难。

2. 烟气的高温危害

火灾烟气的高温对人、对物都可产生不良影响。研究表明,人暴露在高温烟气中,65℃时可短时忍受,在100℃时,一般人在忍受几分钟后就会因口腔及喉头肿胀而窒息。

3. 低浓度氧的危害

当空气中的含氧量降到10%以下时也会威胁人员的生命。

4. 烟气的遮光性

光学测量发现烟气具有很强的减光作用。在有烟场合下,能见度大大降低,会给火灾现场带来恐慌和混乱,严重妨碍人员安全疏散和消防人员扑救。

建筑(特别是高层建筑)发生火灾后,烟气在室内外温差引起的烟囱效应、燃烧气体的浮力和膨胀力、风力、通风空调系统、电梯的活塞效应等驱动力的作用下,会迅速从着火区域蔓延,传播到建筑物内其他非着火区域,甚至传到疏散通道,严重影响人员逃生及灭火。因此,在火灾发生时,为了将建筑物内产生的大量有害烟气及时排除,防止烟气侵入走廊、楼梯间及其前室等部位,确保建筑内人员的安全疏散,为消防人员扑救火灾创造有利条件,在建筑防火设计中合理设置防烟和排烟措施是十分必要的。

5.1.2　防排烟的作用

防排烟的作用主要有以下三个方面。

（1）为安全疏散创造有利条件

防排烟设计与安全疏散和消防扑救关系密切，是防火设计的一个重要组成部分，在进行建筑平面布置和防排烟方式的选择时，应综合加以考虑。火灾统计和试验表明：凡设有完善的防排烟设施和自动喷水灭火系统的建筑，一般都能为安全疏散创造有利的条件。

（2）为消防扑救创造有利条件

火灾实际情况表明，若消防人员在建筑物处于熏烧阶段、房间充满烟雾的情况下进入火灾区，由于浓烟和热气的作用，往往会睁不开眼，呛得透不过气，看不清着火区情况，从而不能迅速准确地找到起火点，大大影响灭火进程。如果采取有效的防排烟措施，情况就有很大不同，消防人员进入火场时，火场区的情况看得比较清楚，可以迅速而准确地确定起火点，判断出火势蔓延的方向，及时扑救，最大限度地减少火灾损失。

（3）控制火势蔓延

试验表明，有效的防烟分隔及完善的排烟设施不但能排除火灾时产生的大量烟气，还能排除一场火灾中 70%～80% 的热量，起到控制火势蔓延的作用。

5.1.3　防排烟方式选择

防排烟系统的主要技术措施为：对火灾区域实行排烟控制，使火灾产生的烟气和热量能迅速排除，以利于人员的疏散和扑救；对非火灾区域及疏散通道等采取机械加压送风的防烟措施，使该区域的空气压力高于火灾区域的空气压力，阻止烟气的侵入，控制火势的蔓延。所以建筑的防烟方式可分为机械加压送风方式和可开启外窗的自然通风方式（图5-1）；建筑的排烟方式可分为机械排烟方式和可开启外窗的自然排烟方式（图5-2）。

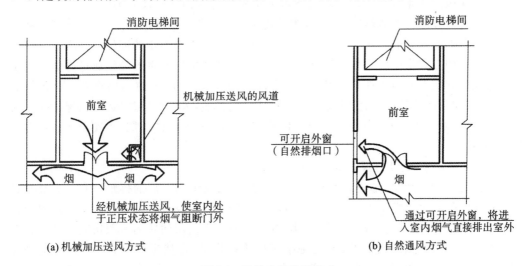

(a) 机械加压送风方式　　　　　　　　　(b) 自然通风方式

图 5-1　建筑中的防烟方式

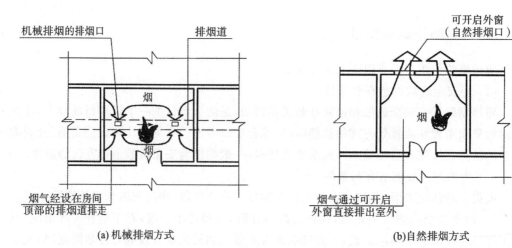

(a) 机械排烟方式   (b)自然排烟方式

图 5-2　建筑中的排烟方式

1. 自然排烟方式

自然排烟是利用室内外空气对流作用进行的排烟方式。建筑内或房间内发生火灾时,可燃物燃烧产生的热量使室内空气温度升高,由于室内外空气密度不同,产生热压,室外空气流动(风力作用)产生风压,形成热烟气和室外冷空气的对流运动。具体做法是在建筑物上设置一些对外开口,如设置敞开阳台与凹廊、靠外墙上可开启的外窗或高侧窗、天窗或专用排烟口、竖井等,使着火房间的烟气自然排至室外。

自然排烟方式的优点是不需要专门的排烟设备,不使用动力,设备简单。但存在的问题是由于受室外气温、风向、风速和建筑本身密封性及热作用的影响,排烟效果不稳定。这种排烟方式一般适用于房间、走道、前室和楼梯间。

2. 机械防烟、排烟相结合的方式

(1) 机械加压送风防烟和机械排烟相结合的方式

机械加压送风是利用送风机供给疏散通道中的防烟楼梯间及其前室、消防电梯间前室或合用前室等以室外新鲜空气,使其维持高于建筑物其他部位的压力,从而把其他部位中因着火产生的火灾烟气或因扩散侵入的火灾烟气阻截于被加压的部位之外。

机械排烟方式是利用机械设备(排风机)把着火房间中所产生的烟气通过排烟口排至室外。这种方式多适用于性质重要,对防烟、排烟要求较为严格的高层建筑。具体做法是,对防烟楼梯间及其前室、消防电梯间前室或合用前室,采用加压送风方式,保证火灾时烟气不进入,确保安全疏散;对需要排烟的房间、走廊,采用机械排烟,为安全疏散和消防扑救创造条件。

(2) 机械排烟、自然进风方式

排烟是利用排风机,通过设在建筑物各功能空间或走廊上部的排烟口和排烟竖井将烟气排至室外。进风则是由设在建筑物各功能空间的门窗及开口部位自然进风。目前在高层建筑设计中,采用这种排烟方式较多,其主要应用于高层建筑内一般房间和便于自然进风的场所的防排烟系统。图 5-3 为地下车库机械排烟、自然进风方式示意图。机械排烟是通过设置在各防烟分区空间上部的排烟口和风道以及排烟机房的排烟风机进行排烟。而进风则是通过直接通向室外的车道进行补风。

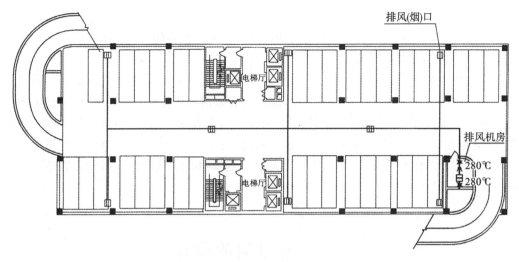

图 5-3　地下车库机械排烟和自然进风方式示意图

（3）机械排烟、机械进风方式

排烟利用排风机，通过设在建筑物各功能空间上部的排烟口、排烟竖井将烟气排至室外。进风则是利用送风机通过进风口、风道、竖井将室外空气送入。这种排烟方式的送风量应略小于排风量。其主要应用于高层建筑地下室、地下车库及其大空间建筑内部的防排烟系统。图 5-4 为多层地下车库机械排烟和机械进风方式示意图。机械排烟是通过设置在各防烟分区空间上部的排烟口和风道以及排烟机房的排烟风机进行排烟。而进风则是通过所设置的送风口、风道以及进风机房内的送风机将室外空气送入室内。

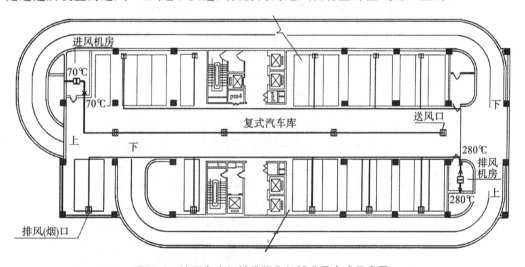

图 5-4　地下车库机械排烟和机械进风方式示意图

机械加压送风防烟的优点是能确保疏散通道的绝对安全，但也存在一些问题，如当机械加压送风楼梯间的正压值过高时，会使楼梯间通往前室或走道的门打不开。

机械排烟方式的优点是排烟效果稳定，特别是火灾初期能有效地保证非着火层或区域的人员安全疏散。据有关资料介绍，一个设计优良的机械排烟系统在火灾时能排出80%的热量，使火灾温度大大降低，从而对人员安全疏散和扑救起重要作用。但这种方式存在的缺点是为了使建筑物任何部位发生火灾时都能有效地进行排烟,排风机的容量必然选得较高,耐高温性能要求高,比起自然排烟方式多了设备的投资及维护费用。

3. 防排烟方式选择原则

当自然排烟和机械排烟二者都具备设置的条件时,应优先采用自然排烟方式,即凡能利用外窗或排烟口实现自然排烟的部位,应尽可能采用自然排烟方式。例如,靠外墙的防烟楼梯间前室,消防电梯前室和合用前室,可在外墙上每层开设外窗排烟;当防烟楼梯间前室,消防电梯前室和合用前室靠阳台或凹廊时,则可利用阳台或凹廊进行自然排烟。

对于特定的建筑物,防排烟方式并不是单一的,应根据具体情况,因地制宜地结合多种方式。

5.2 防排烟的设计

5.2.1 防排烟设计程序

进行防排烟设计时,应先了解清楚建筑物的防火分区和防烟分区,然后才能确定合理的防排烟方式以及送(进)风道和排烟道的位置,进一步选择合适的排烟口和送(进)风口等。防排烟系统设计程序如图 5-5 所示。

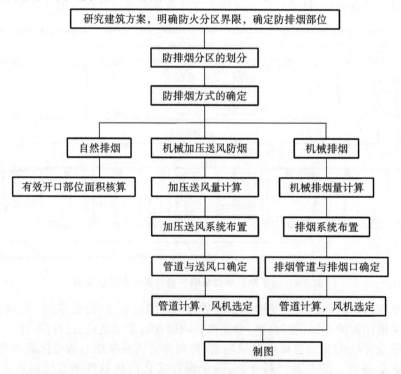

图 5-5 防排烟系统设计程序

5.2.2　防排烟设施的设置部位

1. 设置防烟设施的部位

高层、非高层民用建筑设置防烟设施的部位如下：

①防烟楼梯间及其前室；

②防烟楼梯间及消防电梯合用前室；

③消防电梯前室；

④高层建筑避难层（包括封闭式与非封闭式）。

2. 设置排烟设施的部位

①一类高层和建筑高度超过 32 m 的二类高层建筑的下列部位应设排烟设施：

a. 长度超过 20 m 的内走道；

b. 面积超过 100 m² ,且经常有人停留或可燃物较多的房间,如多功能厅、餐厅、会议室、公共场所、贵重物品陈列室、商品库、计算机房、电信机房等；

c. 高层建筑的中庭和经常有人停留或可燃物较多的地下室。

②非高层建筑的下列部位应设排烟设施：

a. 公共建筑面积超过 300 m² ,且经常有人停留或可燃物较多的地上房间；

b. 总建筑面积超过 200 m² 或一个房间面积超过 50 m² ,且经常有人停留或可燃物较多的地下、半地下房间；

c. 公共建筑面积中长度超过 20 m 的内走道,其他建筑中地上长度超过 40 m 的疏散通道；

d. 设置在一、二、三层且房间建筑面积超过 200 m² 或设置在四层及四层以上或地下、半地下的歌舞娱乐放映游戏场所；

e. 中庭。

5.2.3　防烟分区的划分

为防止火势蔓延和烟气传播,建筑物内应根据需要划分防火分区和防烟分区。

防火分区在水平方向可以采用防火墙、防火卷帘、防火门等划分；在垂直方向可以采用防火楼板、窗间墙等为分隔物进行分区。

需设置机械排烟设施且室内净高不大于 6 m 的场所应划分防烟分区。防烟分区可采用隔墙、挡烟垂壁或从顶棚下凸出不小于 0.5 m 的梁等设施进行划分。

划分防烟分区是为了在火灾初期将烟气控制在一定范围内,并通过排烟设施将烟气迅速排出室外。火灾中产生的烟气在遇到顶棚后将形成顶棚射流向周围扩散,没有防烟分区将导致烟气横向迅速扩散,甚至引燃其他部位；如果烟气温度不是很高,则其在横向扩散过程中将使冷空气混合而变得较冷、较薄并下降,从而降低排烟效果。设置防烟分区可使烟气比较集中、温度较高,烟层增厚,并形成一定的压力差,有利于提高排烟效果。

1. 防烟分区的划分原则

①防烟分区不应跨越防火分区。

②净空高度超过 6 m 的房间不划分防烟分区,防烟分区的面积等于防火分区的面积。

③每个防烟分区的建筑面积不宜超过 500 m²。

2. 防烟分区划分时应注意的问题

①疏散楼梯间及其前室和消防楼梯间及其前室作为疏散和救援的主要通道,应单独划分防烟分区并设独立的防烟设施,这对保证安全疏散、防止烟气扩散和火灾垂直蔓延非常重要。

②需设置避难层和避难间的超高层建筑,均应单独划分防烟分区,并设独立的防排烟设施。

③净高大于 6 m 的大空间的房间,一般不会在短期内达到危及人员生命危险的烟层高度和烟气浓度,故可以不划分防烟分区。

④防烟分区是房间或走道排烟系统设计的组合单元,一个排烟系统可担负一个或多个防烟分区的排烟;对于地下车库,防烟分区则是一个独立的排烟单元,每个排烟系统宜担负一个防烟分区的排烟。

3. 防烟设施

①挡烟垂壁。

挡烟垂壁是指用不燃烧材料制作,从顶棚下垂不小于 500 mm 的固定或活动的挡烟设施。活动挡烟垂壁指火灾时因感温、感烟探测器或其他控制设施的作用,自动下垂的挡烟垂壁。挡烟垂壁起阻挡烟气的作用,同时可提高防烟分区排烟口的吸烟效果。

②挡烟隔墙。

从挡烟效果看,挡烟隔墙比挡烟垂壁的效果好,因此要求成为安全区域的场所宜采用挡烟隔墙。

③挡烟梁。

有条件的建筑物可利用从顶棚下凸出不小于 0.5 m 的钢筋混凝土梁或钢梁进行挡烟。

各种防烟设施如图 5-6 所示。

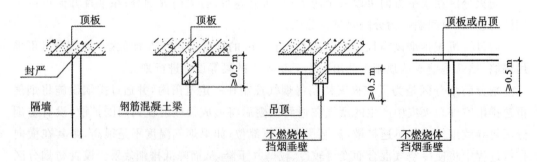

图 5-6　隔墙、挡烟梁和挡烟垂壁等防烟设施的布置

5.2.4 自然排烟设计

1. 自然排烟的设置条件

①按 5.2.2 节应设置防排烟设施的建筑部位,若条件允许,宜优先采用自然排烟设施进行排烟。

②除建筑高度超过 50 m 的一类公共建筑和建筑高度超过 100 m 的居住建筑外,靠外墙的防烟楼梯间及其前室、消防电梯间前室和合用前室,宜采用在外墙上开外窗的自然排烟方式。

③长度不超过 60 m 的内走道、需排烟的房间,有开外窗(排烟口)条件时,宜采用自然排烟方式。

2. 自然排烟口的设置要求

设置自然排烟设施的场所,其自然排烟口的净面积应符合下列规定:

①防烟楼梯间前室、消防电梯间前室,不应小于 2.0 m²;合用前室,不应小于 3.0 m² (图 5-7);

②靠外墙的防烟楼梯间,每 5 层内可开启排烟窗的总面积不应小于 2.0 m²(图 5-7);

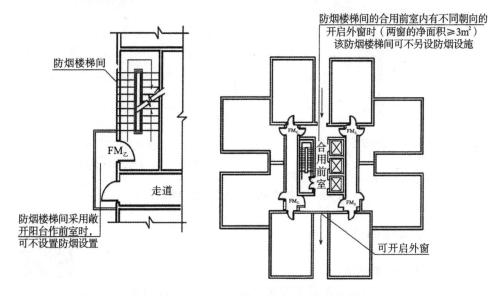

图 5-7　防烟楼梯间及其前室、消防电梯间前室以及合用前室设置自然排烟条件

③中庭、剧场舞台,不应小于该中庭、剧场舞台楼地面面积的 5%;

④其他场所,宜取该场所建筑面积的 2%~5%;

⑤防烟楼梯间前室、合用前室采用敞开阳台、凹廊进行防烟,或前室、合用前室内有不同朝向且开口面积符合上述①、②、③、④条规定的可开启外窗时,该防烟楼梯间可不设置排烟设施(图 5-8);

⑥作为自然排烟的窗口宜设置在房间的外墙上方或屋顶上,并应有方便开启的装置(可设电动执行机构)。自然排烟口距该防烟分区最远点的水平距离不应超过 30 m(图5-9)。

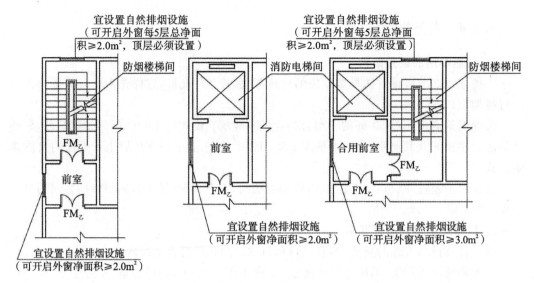

图 5-8 防烟楼梯间及其前室可不设置排烟设施的条件

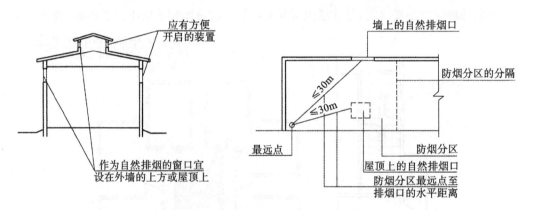

图 5-9 自然排烟口的设置部位和要求

5.2.5 机械排烟设计

1. 机械排烟的设置场所

①当 5.2.2 节中非高层建筑设置排烟设施的场所自然排烟条件不满足时,应设置机械排烟设施。

排烟机设计实例

②一类高层建筑和建筑高度超过 32 m 的二类高层建筑的下列部位,应设置机械排烟设施:

a.无直接自然通风,且长度超过 20 m 的内走道或虽有直接自然通风,但长度超过 60 m 的内走道;

b.面积超过 100 m² 且经常有人停留或可燃物较多的地上无窗房间或设固定窗的房间;

c.不具备自然排烟条件或净空高度超过 12 m 的中庭;

d.除利用窗井等开窗进行自然排烟的房间外,各房间总建筑面积超过 200 m² 或一个房间面积超过 50 m²,且经常有人停留或可燃物较多的地下室。

2. 机械排烟系统的布置

机械排烟系统的布置应考虑排烟效果、可靠性、经济性等原则。机械排烟系统不应跨越防火分区进行布置;与通风、空气调节系统宜分开设置,若合用,必须采取可靠的防火安全措施,并应符合排烟系统要求;走道的排烟系统宜竖向设置,竖向穿越防火分区时,垂直排烟管道宜设置在管井内;房间的机械排烟系统宜横向设置,即按防火分区横向设置。

(1) 内走道的机械排烟系统布置

为了便于排烟系统的设置,保证防火安全及排烟效果等,内走道的排烟系统常采用竖向布置的方案,如图 5-10 所示。当走道较长时,可划分成几个排烟系统。

(2) 房间的机械排烟系统布置

房间排烟系统宜采用横向布置,即把几个房间(或防烟分区)的排烟口用水平风管连接起来。如果有几层多个房间(或防烟分区)需要排烟,则每层按横向布置,然后用竖向风道连成一个系统,如图 5-11 所示。当每层需要排烟的房间(或防烟分区)较多且水平风道布置有困难时,也可划分成几个排烟系统。

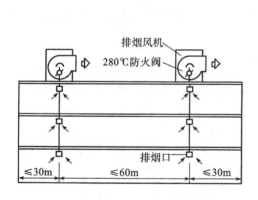

图 5-10　竖向布置的走道排烟系统

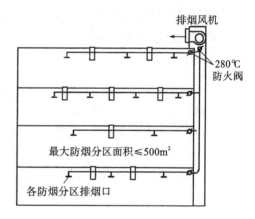

图 5-11　横向布置的房间排烟系统

3. 机械排烟系统排烟量的确定

设置机械排烟设施的部位,其排烟风机的排烟量应符合下列规定。

①当排烟风机只担负一个防烟分区的排烟或净空高度大于 6.0 m 的不划分防烟分区的房间时,应按每平方米面积不小于 60 m³/h 计算系统排风量,此时单台风机最小排烟量不应小于 7200 m³/h。

②当排烟风机担负两个或两个以上防烟分区的排烟时,应按最大防烟分区面积每平方米不小于 120 m³/h 计算系统排风量,系统排烟量的最大值为 60000 m³/h。

③中庭体积不大于 17000 m³ 时,其排烟量按其体积的 6 次/h 换气计算;中庭体积大于 17000 m³ 时,其排烟量按其体积的 4 次/h 换气计算,但最小排烟量不应小于 102000 m³/h。

由于在设计排烟系统时,仅考虑着火区域和相邻区域同时排烟,故排烟系统中各管段的风量计算只按两个防烟分区中排烟量的最大值选取,即当排烟风机不论是横向还是竖向担负两个或两个以上防烟分区排烟时,只按两个防烟分区同时排烟确定排烟风机的风量。

4. 机械排烟系统设计要点

（1）排烟口

①排烟口形式。

排烟口有常闭型和常开型两种。常闭型排烟口平时处于关闭状态,发生火灾时,由消防控制室自动或就地手动开启排烟风机和着火房间的排烟口进行排烟,适用于两个以上防烟分区共用一台排烟机的情况。常开型排烟口平时处于开启状态,适用于一个防烟分区专用一台排烟风机的情况。

②设置位置和方式。

排烟口应按防烟分区设置,应与排烟风机联锁,当任一排烟口开启时,排烟风机应能自行启动。

排烟口应设在顶棚上或靠近顶棚的墙面上,以利于烟气排出。设在顶棚上的排烟口,距可燃构件或可燃物的距离不应小于 1.0 m;排烟口与附近安全出口沿走道方向相邻边缘之间的最小水平距离不应小于 1.50 m。排烟口应尽量布置在与人流疏散方向相反的位置(图 5-12)。

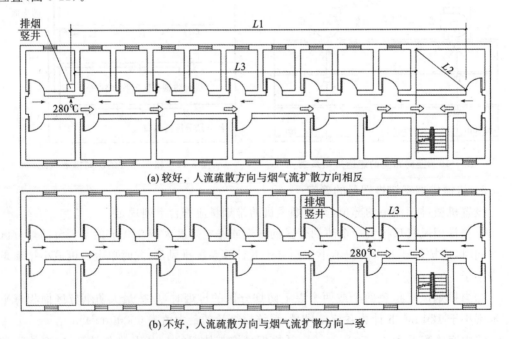

(a) 较好,人流疏散方向与烟气流扩散方向相反

(b) 不好,人流疏散方向与烟气流扩散方向一致

图 5-12　走道排烟口与疏散口的位置示意图

──➤烟气流方向;⇨人流方向;L3≥1.5 m,L1+L2≤30 m

防烟分区内的排烟口距最远点的水平距离不应超过 30 m。在排烟支管上应设有当烟气温度超过 280 ℃时能自行关闭的排烟防火阀(图 5-13)。

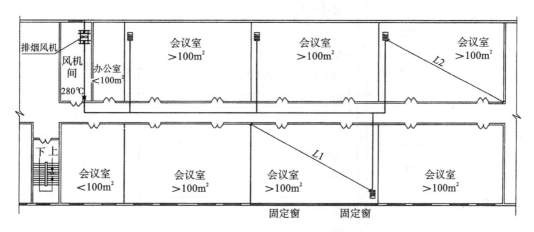

图 5-13　排烟口的设置示意

在图 5-14 中,排烟风机设置在风机间内。每个无窗的房间和开有固定窗的房间各为一个防烟分区,防烟分区内设置排烟口。图中的内走道已符合自然排烟要求,可开启外窗的面积满足该房间自然排烟的要求。排烟口到本防烟分区内最远点的水平距离均不大于 30 m,即图中 $L1$、$L2 \leqslant 30$ m。

排烟口平时关闭,并应设置有手动和自动开启装置。

设置机械排烟系统的地下、半地下场所,除歌舞娱乐放映游戏场所和建筑面积大于 50 m² 的房间外,排烟口可设置在疏散走道。排烟口的尺寸可根据通过排烟口的风速不宜大于 10 m/s 计算。

(2) 排烟管道

①竖向穿越防火分区时,垂直排烟管道宜设置在管井内;穿越防火分区的排烟管道应在穿越处设置排烟防火阀(图 5-14)。

②排烟管道的材料必须采用不燃烧材料,宜采用镀锌钢板或冷轧钢板。安装在吊顶内的排烟管道,其隔热层应采用不燃烧材料制作,并应与可燃物保持不小于 150 mm 的距离。

(3) 排烟风机

①排烟风机可采用离心风机或排烟专用的轴流风机。

②排烟风机应保证在 280 ℃时能连续工作 30 min。

③在排烟风机入口处的总管上应设置当烟气温度超过 280 ℃时能自行关闭的排烟防火阀,该阀应与排烟风机联锁,当该阀关闭时,排烟风机应能停止运转。

④排烟风机和用于排烟补风的送风风机宜设置在通风机房内。

⑤排烟风机的风量应在计算系统排风量的基础上考虑 10%～20% 的漏风量。排烟风机的全压应满足排烟系统最不利环路的要求。

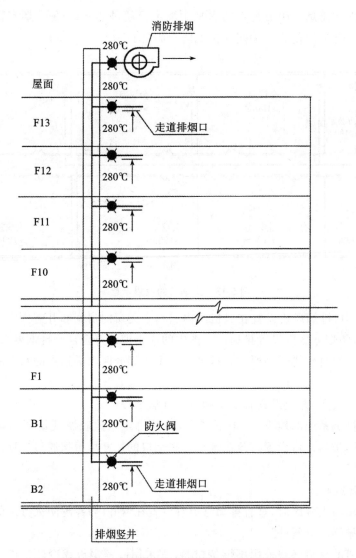

图 5-14　排烟管道竖向穿越防火分区的示意

5.2.6　加压送风防烟系统设计

1. 系统设置部位

只有防烟楼梯间和消防电梯设前室和合用前室时,才对其部位进行加压送风系统的设计。高层和非高层建筑的下列场所应设置机械加压送风防烟设施:

①不具备自然排烟条件的防烟楼梯间(图 5-15);

②不具备自然排烟条件的消防电梯间前室或合用前室(图 5-15);

③设置自然排烟设施的防烟楼梯间,其不具备自然排烟条件的前室(图 5-16);

④高层建筑中封闭的避难层(间)。

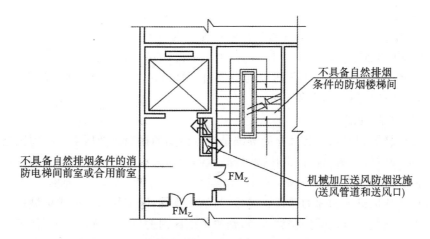

图 5-15　应设置机械加压送风防烟设施的场所 (一)

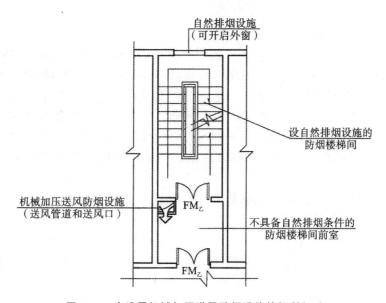

图 5-16　应设置机械加压送风防烟设施的场所 (二)

2. 系统组合方式

目前对不具备自然排烟条件的防烟楼梯间及其前室进行加压送风设计时的做法有以下 5 种组合方式。

①仅对防烟楼梯间进行加压送风,其前室不送风。这种加压送风方式防烟效果差。

②防烟楼梯间及其前室分别设置两个独立的加压送风系统,进行加压送风。这种加压送风方式防烟效果好。

③对防烟楼梯间及有消防电梯的合用前室分别加压送风。这种加压送风方式防烟效果好。

④仅对消防电梯前室加压送风,防烟效果一般。

⑤当防烟楼梯间具有自然排烟条件,仅对前室及合用前室加压送风,防烟效果一般。

3. 系统组成

机械加压送风系统由送风、漏风和排风系统组成。

（1）对加压空间的送风

依靠通风机将室外未受烟气污染的空气通过管道送入需要加压防烟的空间，以形成正压，这是正压送风系统的主体部分。

（2）加压空间的漏风

建筑结构缝隙、开口、门缝及窗缝等都是空气泄漏的途径。加压空间与周围空间压力差的存在，会使空气由高压侧向低压侧泄漏，泄漏量的大小取决于加压空间的密封程度。

（3）非正压部分的排风

空气由正压区进入相邻的非正压区后，与烟气掺混，随烟气由窗外或机械排烟系统排出室外。如果烟气没有足够的排放途径，则非正压区内的压力会逐渐上升，使正压区与非正压区之间的压力差逐渐减小，从而削弱正压送风系统的防烟效果。所以必须将空气与烟气及时排至室外，以维持正常的压力差。

4. 加压送风量的确定

加压送风量的确定应满足加压部分防烟的目的。为保证疏散通道不受烟气侵害，使人员安全疏散，发生火灾时，从安全性的角度出发，高层和非高层建筑内可分为四个安全区。第一安全区：防烟楼梯间、避难层。第二安全区：防烟楼梯间前室、消防电梯间前室或合用前室。第三安全区：走道。第四安全区：房间。依据上述原则，加压送风时应使防烟楼梯间压力＞前室压力＞走道压力＞房间压力，同时还要保证各部分之间的压差不要过大，以免造成开门困难，影响疏散。所以机械加压送风系统在设计时应满足下列 3 个条件：

①防烟楼梯间内机械加压送风防烟系统与非加压区的压力差应为 $40 \sim 50$ Pa，合用前室应为 $25 \sim 30$ Pa；

②开门时前室或合用前室与走道之间的门洞处保持大于等于 0.7 m/s 的风速，形成一种与烟气扩散方向相反的气流，阻止烟气向正压空间扩散入侵，以确保疏散通道的安全；

③疏散时推门力不大于 98 N。

机械加压送风防烟系统的加压送风量应经计算确定，多层建筑机械加压送风量见表5-1，高层建筑机械加压送风量见表5-2。当计算结果与表5-1和表5-2的规定不一致时，应采用较大值。

表 5-1　多层建筑机械加压送风量

序　号	组 合 方 式	加压送风部位	加压送风量/(m³/h)
1	前室不送风的防烟楼梯间	防烟楼梯间	25000
2	防烟楼梯间及其合用前室分别加压送风	防烟楼梯间	16000
		合用前室	13000
3	消防电梯间前室	消防电梯前室	15000

序　号	组合方式	加压送风部位	加压送风量/(m³/h)
4	防烟楼梯间采用自然排烟,前室或合用前室加压送风	前室或合用前室	22000

注:表内风量数值按开启宽×高＝1.5 m×2.1 m 的双扇门为基础的计算值。当采用单扇门时,其风量宜按表列数值乘以 0.75 确定;当前室有 2 个或 2 个以上门时,其风量应按表列数值乘以 1.50～1.75 确定。开启门时,通过门的风速不应小于 0.70 m/s。

表 5-2　高层建筑机械加压送风量

序号	组合方式	负担层数	加压送风部位	加压送风量/(m³/h)
1	前室不送风的防烟楼梯间	＜20 层	防烟楼梯间	25000～30000
		20～32 层	防烟楼梯间	35000～40000
2	防烟楼梯间及其合用前室分别加压送风	＜20 层	防烟楼梯间	16000～20000
			合用前室	12000～16000
		20～32 层	防烟楼梯间	25000～30000
			合用前室	18000～22000
3	消防电梯间前室加压送风	＜20 层	消防电梯前室	15000～20000
		20～32 层		22000～27000
4	防烟楼梯间采用自然排烟,前室或合用前室不具备自然排烟条件	＜20 层	前室或合用前室	22000～27000
		20～32 层		28000～32000

注:表中的风量按开启 2.00 m×1.60 m 的双扇门确定。当采用单扇门时,其风量宜按表列数值乘以 0.75 确定;当前室有 2 个或 2 个以上门时,其风量应按表列数值乘以 1.50～1.75 确定。开启门时,通过门的风速不应小于 0.70 m/s。

层数超过 32 层的高层建筑,其送风系统及送风量应分段设计。封闭避难层(间)的机械加压送风量应按避难层净面积每平方米不小于 30 m³/h 计算。

5. 加压送风系统设计要点

①防烟楼梯间和合用前室的机械加压送风系统宜分别独立设置。

②防烟楼梯间的前室或合用前室的加压送风口应每层设置 1 个。防烟楼梯间的加压送风口宜每隔 2～3 层设置 1 个。

③机械加压送风防烟系统和排烟补风系统的室外进风口宜布置在室外排烟口的下方,且高差不宜小于 3.0 m,当水平布置时,水平距离不宜小于 10 m。

④机械加压防烟系统中送风口的风速不宜大于 7 m/s;排风口风速不宜大于 10 m/s。金属风道风速不宜大于 20 m/s,非金属风道风速不宜大于 15 m/s。

5.3　地下建筑的防排烟

地下建筑没有别的开口,空间较为封闭。发生火灾时通风不足,造成不完全燃烧,产生大量的烟气,充满地下建筑,涌入地下人行通道。而且地下人行通道狭窄,烟层迅速加厚,烟流速度加快,对人员疏散和消防队员救火均带来极大困难。所以对于地下建筑来说,如何控制烟气流的扩散是防排烟的重点内容。

5.3.1 地下建筑防烟分区的划分

地下建筑的防烟分区的设置应与防火分区相同,其面积不超过 500 m²,且不得跨越防火分区。

地下建筑的防烟分区大多采用挡烟垂壁和挡烟梁,且一般与感烟探测器联动的排烟设备配合使用。挡烟垂壁等隔烟设施的储烟量是很有限的,研究表明,当火灾发展到轰燃期时,由于温度高,发烟量剧增,防烟分区储存不了剧增的烟量。

5.3.2 地下建筑的排烟方式

地下建筑可采用自然排烟和机械排烟的方式。

1. 自然排烟

可利用一定面积的开向地面的竖井或天窗排烟。

2. 机械排烟

地下建筑的机械排烟,一般采用负压排烟,形成各个疏散口正压进入的条件,确保楼梯间和主要疏散通道无烟。

5.3.3 地下车库排烟系统设计

地下车库内含有大量汽车排出的尾气。由于除汽车出入口外一般没有其他与室外相通的孔洞,因此必须进行机械通风。另外,由于地下车库的密封性,一旦发生火灾,高温烟气会因无法排放而在地下车库内蔓延,因此还必须设置机械排烟系统。地下车库排烟系统设计的目标就是既要同时满足这两方面的要求,又要使系统简单、经济和便于管理。

1. 地下车库机械排烟系统设计原则

①面积超过 2000 m² 的地下车库应设置机械排烟系统。

②地下车库的机械排烟系统应按防烟分区设置,每个防烟分区至少设一个排烟系统。

③每个防烟分区的建筑面积不宜超过 2000 m²,且防烟分区不应跨越防火分区。

④排烟风机的排烟量应按换气次数不小于 6 次/h 计算确定。

⑤排烟风机可采用离心风机或排烟专用的轴流风机,并应在排烟支管上设有当烟气温度超过 280 ℃时能自动关闭的排烟防火阀。排烟风机应保证在 280 ℃时能连续工作30 min。

⑥当设置机械排烟系统时,应设置(自然、机械)补风系统;当防火分区的防火墙分隔和楼板分隔,使有的防火分区内无直接通向室外的汽车疏散出口,应设置机械补风系统。如采用自然进风,应保证每个防烟分区内有自然进风口。补风量不宜小于排烟量的 50%。

2. 地下车库机械通风系统设计原则

地下车库的通风系统包括机械送、排风系统和自然进风系统。

①地下车库宜设置机械排风系统,排风量应按稀释废气量计算,如无详细资料,排风量一般不小于 6 次/h。

②机械送、排风系统的送风量应小于排风量,一般为排风量的 80%~85%。

③地下车库的排风宜按室内空间上、下两部分设置,上部地带按排出风量的 1/3~1/2 计算,下部地带按排出风量的 1/2~2/3 计算。

地下车库的防排烟系统设计如图 5-3 和图 5-4 所示,图中排烟口到本防烟分区内最远点的水平距离均不大于 30 m。

5.4　通风空调系统的防火设计

通风空调系统管道的流通面积较大,在火灾时极易传播烟气,使烟气从着火区蔓延到非着火区,甚至会扩散到安全疏散通道,因此在工程设计时必须采取可靠的防火措施。通风空调系统的阻火隔烟主要从两个方面着手,首先是实现材料的非燃化,其次是在一定的区位,在管路上设置切断装置,把管路隔断,阻止火势、烟气的流动。

5.4.1　管道系统及材料

通风空调系统的管道材料都应该采用非燃材料,包括管道本身及与管相连的保温材料、消声材料、黏结剂、阀门等。如在选用保温材料时,首先考虑使用不燃保温材料。例如风管穿越变形缝和防火墙时,在变形缝前后 2 m 范围内和防火墙后 2 m 范围内的保温材料均应采用不燃材料。

通风空调系统穿越楼板的垂直风道是火势竖向蔓延传播的主要途径之一,为防止火灾竖向蔓延,风管穿越楼层的层数应有所限制。通风空调系统的管道布置,竖向不宜超过 5 层,横向应按防火分区设置,尽量使风道不穿越防火分区。当排风管道设有防止回流设施或防火阀(对于高层建筑各层还应设有自动喷水灭火系统)时,其进风和排风管道可不受此限制。另外通风空调系统垂直风道还应设置在管井内,如图 5-17 所示。

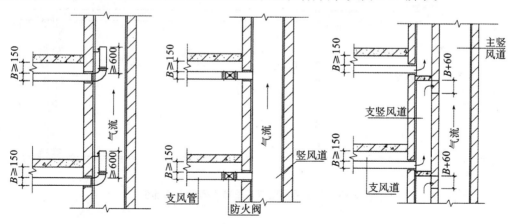

图 5-17　垂直排风管道防回流措施

图 5-17 中的垂直排风管道均采用了在支管上安装防火阀或防止回流措施,这样可有效防止火灾蔓延到垂直风道所经过的其他楼层。

5.4.2 防火阀的设置

防火阀是在一定时间内能满足耐火稳定性和耐火完整性要求,用于管道内阻火的活动式封闭装置。其作用是在火灾发生时,切断管道内的气流通路,使火势及烟气不能沿风道传播。

正常工作时,防火阀的叶片常开,气流能顺利流过;当发生火灾,风管内气体的温度上升达到 70 ℃时,熔断器熔化,防火阀关闭,输出火灾信号。

通风与空气调节系统风管上的下述部位应设防火阀:

①通风、空气调节系统的风管在穿越防火分区处;

②穿越通风、空气调节机房的房间隔墙和楼板处;

③穿越重要的或火灾危险性大的房间隔墙和楼板处;

④穿越变形缝处的两侧;

⑤垂直风管与每层水平风管交接处的水平管段上。但当建筑内每个防火分区的通风和空气调节系统均独立设置时,该防火分区内的水平风管与垂直总管的交接处可不设置防火阀。

一般通风空调系统防火阀的设置部位如图 5-18 所示。

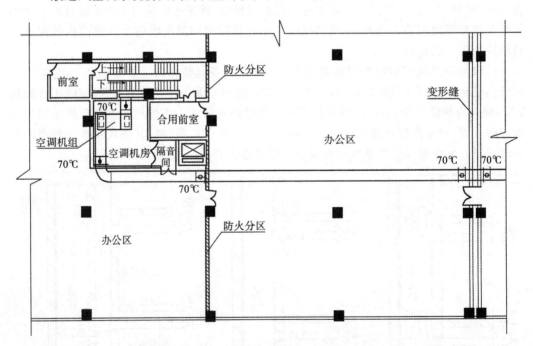

图 5-18 一般通风空调系统防火阀的设置部位

思　考　题

**防排烟系统设计
实例分析**

1. 自然通风设施的设置有哪些要求？
2. 试述机械加压送风系统的工作原理。
3. 建筑哪些部位需要设置机械加压送风系统？
4. 试述机械排烟系统的工作原理。
5. 机械加压送风系统对余压有什么要求？
6. 试述排烟系统的联动要求。
7. 试述对排烟风管的材质和风速的要求。
8. 试述排烟防火阀的动作原理。

第6章 火灾自动报警系统

火灾自动报警系统是火灾探测报警与消防联动控制系统的简称，是以实现火灾早期探测和报警、向各类消防设备发出控制信号并接收设备反馈信号，进而实现火灾预防和自动灭火功能的一种自动消防设施。它完成了对火灾的预防与控制功能，对于宾馆、商场、医院等重要建筑及各类高层建筑更是必不可少的消防措施。

6.1 火灾自动报警系统组成及分类

火灾自动报警系统一般设置在工业与民用建筑场所，与自动灭火系统、疏散诱导系统、防排烟系统以及防火分隔系统等其他消防分类设备一起构成完整的建筑消防系统。火灾自动报警系统由火灾探测报警系统、消防联动控制系统、可燃气体探测报警系统及电气火灾监控系统组成，如图 6-1 所示。

6.1.1 火灾探测报警系统

火灾探测报警系统由火灾报警控制器、触发器件和火灾警报装置等组成，能及时、准确地探测保护对象的初期火灾，并做出报警响应，告知建筑中的人员火灾的发生，从而使建筑中的人员有足够的时间在火灾发展蔓延到危害生命安全的程度时疏散至安全地带，是保障人员生命安全的最基本的建筑消防系统。火灾探测报警系统的构成如图 6-2 所示。

1. 触发器件

在火灾自动报警系统中，自动或手动产生火灾报警信号的器件称为触发器件，主要包括火灾探测器和手动火灾报警按钮。火灾探测器是能对火灾参数（如烟、温度、火焰辐射、气体浓度等）响应，并自动产生火灾报警信号的器件。手动火灾报警按钮是手动方式产生火灾报警信号、启动火灾自动报警系统的器件。

2. 火灾报警装置

在火灾自动报警系统中，用以接收、显示和传递火灾报警信号，并能发出控制信号和具有其他辅助功能的控制指示设备称为火灾报警装置。火灾报警控制器就是其中最基本的一种。火灾报警控制器担负着为火灾探测器提供稳定的工作电源，监视探测器及系统

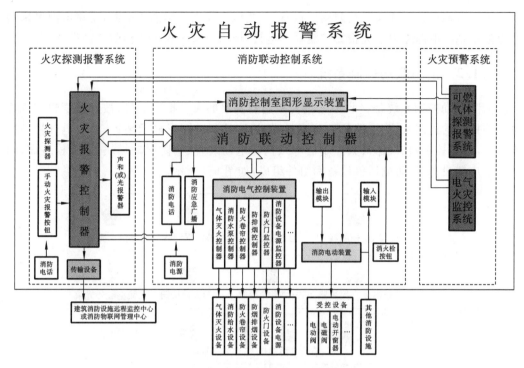

图 6-1　火灾自动报警系统的组成

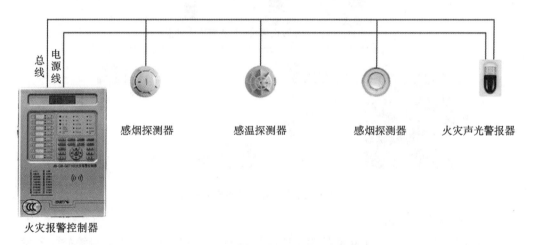

图 6-2　火灾探测报警系统构成示意图

自身的工作状态,接收、转换、处理火灾探测器输出的报警信号,进行声光报警,指示报警的具体部位及时间,同时执行相应辅助控制等诸多任务。

3. 火灾警报装置

在火灾自动报警系统中,用以发出区别于环境声、光的火灾警报信号的装置称为火灾警报装置。它以声、光和音响等方式向报警区域发出火灾警报信号,以警示人们迅速采取安全疏散及火救灾的措施。

4. 电源

火灾自动报警系统属于消防用电设备,其主电源应当采用消防电源,备用电源可采用蓄电池。系统电源除为火灾报警控制器供电外,还为与系统相关的消防控制设备等供电。

6.1.2 消防联动控制系统

消防联动控制系统是接收火灾报警控制器发出的火灾报警信号,按预设逻辑完成各项消防控制的控制系统,由消防联动控制器、消防控制室图形显示装置、消防电气控制装置(防火卷帘控制器、气体灭火控制器等)、消防电动装置、消防联动模块、消火栓按钮、消防应急广播设备、消防电话等设备和组件组成,如图 6-3 所示。

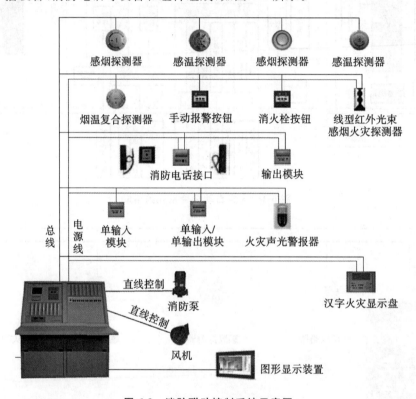

图 6-3 消防联动控制系统示意图

1. 消防联动控制器

消防联动控制器是消防联动控制系统的核心组件。它通过接收火灾报警控制器发出的火灾报警信息,按预设逻辑对建筑中设置的自动消防系统(设施)进行联动控制。消防联动控制器可直接发出控制信号,通过驱动装置控制现场的受控设备;对于控制逻辑复杂且在消防联动控制器上不便实现直接控制的情况,可通过消防电气控制装置(如防火卷帘控制器、气体灭火控制器等)间接控制受控设备,同时接收自动消防系统(设施)动作的反馈信号。

2. 消防控制室图形显示装置

消防控制室图形显示装置用于接收并显示保护区域内的火灾探测报警及联动控制系

统、消火栓系统、自动灭火系统、防烟排烟系统、防火门及卷帘系统、电梯、消防电源、消防应急照明和疏散指示系统、消防通信等各类消防系统及系统中的各类消防设备（设施）运行的动态信息和消防管理信息，同时还具有信息传输和记录功能。

3. 消防电气控制装置

消防电气控制装置的功能是用于控制各类消防电气设备，它一般通过手动或自动的工作方式来控制各类消防泵、防烟排烟风机、电动防火门、电动防火窗、防火卷帘、电动阀等各类电动消防设施的控制装置及双电源互换装置，并将相应设备的工作状态反馈给消防联动控制器进行显示。

4. 消防电动装置

消防电动装置的功能是电动消防设施的电气驱动或释放，它是包括电动防火门窗、电动防火阀、电动防烟排烟阀、气体驱动器等电动消防设施的电气驱动或释放装置。

5. 消防联动模块

消防联动模块是用于消防联动控制器和其所连接的受控设备或部件之间信号传输的设备，包括输入模块、输出模块和输入输出模块。输入模块的功能是接收受控设备或部件的信号反馈并将信号输入消防联动控制器中进行显示，输出模块的功能是接收消防联动控制器的输出信号并发送到受控设备或部件，输入输出模块则同时具备输入模块和输出模块的功能。

6. 消火栓按钮

消火栓按钮是手动启动消火栓系统的控制按钮。

7. 消防应急广播设备

消防应急广播设备由控制和指示装置、声频功率放大器、传声器、扬声器、广播分配装置、电源装置等部分组成，是在火灾或意外事故发生时通过控制功率放大器和扬声器进行应急广播的设备，它的主要功能是向现场人员通报火灾发生，指挥并引导现场人员疏散。

8. 消防电话

消防电话是用于消防控制室与建筑物中各部位之间通话的电话系统，由消防电话总机、消防电话分机、消防电话插孔构成。消防电话是与普通电话分开的专用独立系统，一般采用集中式对讲电话，消防电话的总机设在消防控制室，分机分设在其他各个部位。其中消防电话总机是消防电话的重要组成部分，能够与消防电话分机进行全双工语音通信。消防电话分机设置在建筑物中各关键部位，能够与消防电话总机进行全双工语音通信；消防电话插孔安装在建筑物各处，插上电话手柄就可以和消防电话总机通信。

6.1.3　可燃气体探测报警系统

可燃气体探测报警系统应由可燃气体报警控制器、可燃气体探测器和火灾声光警报器等组成，能够在保护区域内泄漏可燃气体的浓度低于爆炸下限的条件下提前报警，从而预防由于可燃气体泄漏引发的火灾和爆炸事故的发生。

可燃气体探测报警系统适用于使用、生产或聚集可燃气体或可燃液体蒸汽场所可燃气体浓度探测，在泄漏或聚集可燃气体浓度达到爆炸下限前发出报警信号，提醒专业人员排除火灾、爆炸隐患,实现火灾的早期预防,避免火灾、爆炸事故的发生。

可燃气体探测报警系统是一个独立的子系统,属于火灾预警系统,应独立组成,不应接入火灾报警控制器的探测器回路;当可燃气体的报警信号需接入火灾自动报警系统时,应由可燃气体报警控制器接入。

6.1.4 电气火灾监控系统

电气火灾监控系统由电气火灾监控器、电气火灾监控探测器组成,能在发生电气故障,产生一定电气火灾隐患的条件下发出报警,提醒专业人员排除电气火灾隐患,实现电气火灾的早期预防,避免电气火灾的发生。电气火灾监控系统是火灾自动报警系统的独立子系统,属于火灾预警系统。电气火灾监控系统的构成如图 6-4 所示。

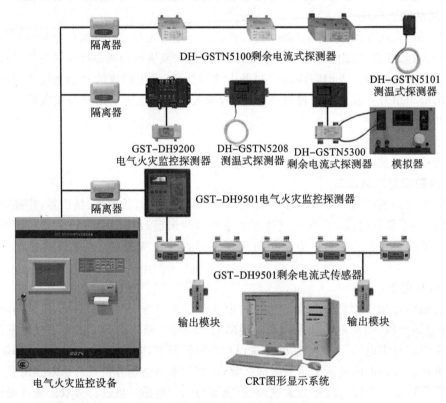

图 6-4 电气火灾监控系统构成示意图

6.1.5 火灾自动报警系统分类

火灾自动报警系统是火灾探测报警与消防联动控制系统的简称,是以实现火灾早期探测和报警,以及向各类消防设备发出控制信号并接收设备反馈信号,进而实现预定消防功能为基本任务的一种自动消防设施。火灾自动报警系统根据保护对象及设立的消防安全目标不同分为以下几类。

1．区域报警系统

区域报警系统由火灾探测器、手动火灾报警按钮、火灾声光警报器及火灾报警控制器等组成，如图 6-5 所示。

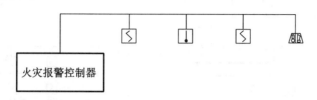

序号	图例	名称	备注	序号	图例	名称	备注
1	S	感烟火灾探测器		10	FI	火灾显示盘	
2	I	感温火灾探测器		11	SFJ	送风机	
3	SI	烟温复合探测器		12	XFB	消防泵	
4		火灾声光警报器		13		可燃气体探测器	
5		线型光束探测器		14	M	输入模块	GST-LD-8300
6	Y	手动报警按钮		15	C	控制模块	GST-LD-8301
7	Y	消火栓报警按钮		16	H	电话模块	GST-LD-8304
8		报警电话		17	G	广播模块	GST-LD-8305
9		吸顶式音箱		18			

图 6-5　区域报警系统的组成示意图

2．集中报警系统

集中报警系统由火灾探测器、手动火灾报警按钮、火灾声光警报器、消防应急广播、消防专用电话、消防控制室图形显示装置、火灾报警控制器、消防联动控制器等组成。集中报警系统的组成如图 6-6 所示。

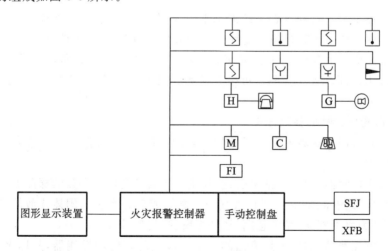

图 6-6　集中报警系统的组成示意图

3．控制中心报警系统

控制中心报警系统由火灾探测器、手动火灾报警按钮、火灾声光警报器、消防应急广播、消防专用电话、消防控制室图形显示装置、火灾报警控制器、消防联动控制器等组成，且包含两个及两个以上集中报警系统。控制中心报警系统的组成如图 6-7 所示。

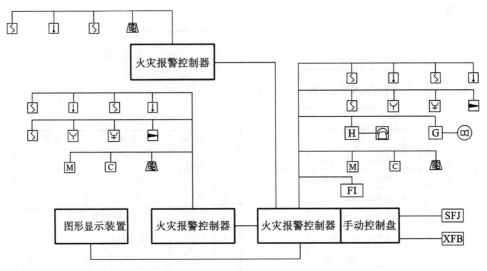

图 6-7　控制中心报警系统的组成示意图

6.2　火灾探测器

6.2.1　火灾探测器的分类

火灾探测器是火灾自动报警系统的基本组成部分之一，它至少含有一个能够连续或以一定频率周期监视与火灾有关的适宜的物理或化学现象的传感器，并且至少能够向控制和指示设备提供一个合适的信号，是否报火警或操纵自动消防设备，可由探测器或控制和指示设备做出判断。火灾探测器可按其探测的火灾特征参数、监视范围、复位功能、拆卸性能等进行分类。

1. 根据探测火灾特征参数分类

火灾探测器根据其探测火灾特征参数的不同，可以分为感温、感烟、感光、气体、复合等五种基本类型。

①感温火灾探测器：响应异常温度、温升速率和温差变化等参数的探测器。

②感烟火灾探测器：响应悬浮在大气中的燃烧或热解产生的固体或液体微粒的探测器，进一步可分为离子感烟、光电感烟、红外光束、吸气型等。

③感光火灾探测器：响应火焰发出的特定波段电磁辐射的探测器，又称火焰探测器，进一步可分为紫外、红外及复合式等类型。

④气体火灾探测器：响应燃烧或热解产生的气体的火灾探测器。

⑤复合火灾探测器：集多种探测原理于一体的探测器，它进一步又可分为烟温复合、

红外紫外复合等火灾探测器。

此外,还有一些特殊类型的火灾探测器,包括:使用摄像机、红外热成像器件等视频设备或它们的组合方式获取监控现场视频信息,进行火灾探测的图像型火灾探测器;探测泄漏电流大小的漏电流感应型火灾探测器;探测静电电位高低的静电感应型火灾探测器;还有在一些特殊场合使用的、要求探测极其灵敏、动作极为迅速,通过探测爆炸产生的参数变化(如压力的变化)信号来抑制、消灭爆炸事故发生的微压差型火灾探测器;利用超声原理探测火灾的超声波火灾探测器等。

2. 根据监视范围分类

火灾探测器根据其监视范围的不同,分为点型火灾探测器和线型火灾探测器。

①点型火灾探测器:响应一个小型传感器附近的火灾特征参数的探测器。

②线型火灾探测器:响应某一连续路线附近的火灾特征参数的探测器。

此外,还有一种多点型火灾探测器:响应多个小型传感器(例如热电偶)附近的火灾特征参数的探测器。

3. 根据其是否具有复位(恢复)功能分类

火灾探测器根据其是否具有复位功能,分为可复位探测器和不可复位探测器两种。

①可复位探测器:在响应后和在引起响应的条件终止时,不更换任何组件即可从报警状态恢复到监视状态的探测器。

②不可复位探测器:在响应后不能恢复到正常监视状态的探测器。

4. 根据其是否具有可拆卸性分类

火灾探测器根据其维修和保养时是否具有可拆卸性,分为可拆卸探测器和不可拆卸探测器两种类型。

①可拆卸探测器:探测器设计成容易从正常运行位置上拆下来,以方便维修和保养。

②不可拆卸探测器 :在维修和保养时,探测器设计成不容易从正常运行位置上拆下来。

每种类型中又可分为不同的形式。各种火灾探测器的种类参见表 6-1。

表 6-1　火灾报警探测器的种类

种　类	结　构	类　型
感烟式探测器	点型①	离子感烟式,光电感烟式,电容感烟式
	线型②	激光感烟式,红外光束感烟式
感温式探测器	定温式	点型:双金属型,易熔合金型,热敏电阻型,玻璃球式 线型:缆式线型定温式,半导体线型定温式
	差温式	点型:空气膜盒式,热敏半导体电阻式 线型:空气管线型差温式,热电偶线型差温式
	差定温式	膜盒式,热敏半导体电阻式
感光式探测器	紫外式火焰探测器	
	红外式火焰探测器	

种　类	结　构	类　型
可燃气体探测器	点型	催化型,半导体型
复合式探测器	点型	烟温复合式,双灵敏度感烟输出式

注:①点型探测器:是探测元件集中在一个特定点上,响应该点周围空间的火灾参量的火灾探测器。民用建筑中几乎均使用点型探测器。

②线型探测器:也叫分布式探测器,是一种响应某一连续线路周围的火灾参量的火灾探测器。多用于工业设备及民用建筑中一些特定场合。

6.2.2　火灾探测器的工作原理

1. 感烟火灾探测器

除易燃易爆物质遇火立即爆炸起火外,一般物质的火灾发展过程通常都要经过初始、发展和熄灭三个阶段。火灾的初始阶段特点是温度低、产生大量烟雾、很少或没有火焰辐射,基本上未造成物质损失。感烟探测器就是用于探测火灾初始阶段的烟雾,并自动向火灾报警控制器发出火灾报警信号的一种火灾探测器。它响应速度快、能及早发现火情、有利于火灾的早期扑救,是建筑工程中使用最广泛、使用量最大的一种火灾探测器,作为最基本的探测器使用。

（1）点型感烟火灾探测器

点型感烟火灾探测器是对警戒范围中某一点周围空间烟雾敏感响应的火灾探测器。建筑工程中,点型感烟火灾探测器使用量最大。

①离子感烟火灾探测器。

离子感烟火灾探测器是根据烟雾(烟粒子)黏附(亲附)电离离子,使电离电流变化这一原理而设计的。

图 6-8 是电离室原理图。P_1 和 P_2 是一对相对的电极板。极板在外加直流 E 时形成电场,吸引离子运动形成电离电流,是电离室的主要构件,其尺寸大小、形状和位置决定了电离室的性能和灵敏度。极板间设置放射源 Q。通常采用发射电离能力强的镅(Am)241作放射源,产生持续的 α 射线,在设计上已保证其 α 射线对人体无害,安全可靠。电离室内的放射源将室内洁净的空气电离为正离子和负离子。

当离子感烟探测器接到火灾报警器上,两极板即被加上一个直流电压 E,在极板间形成电场,两极板间被电离的正、负离子在电场作用下分别向正、负极板运动而形成离子电流 I_1。洁净空气时的电离电流如图 6-9 中 R 曲线所示。当烟雾粒子进入电离室后,由于烟粒子的质量大大超过被电离的洁净空气离子的质量,并黏附在导电离子上,使离子质量大大增加,从而使离子运动速度大大降低。一方面引起电离室内等效电阻增加;另一方面使正负离子在电场中滞留时间加长,正、负离子复合概率增加,使电离室极板上收集到的离子数减少。在双重影响之下,烟雾将使电离室的离子电流减少,这个电流变化转换成电压降而被测量,并由后面的电子电路给予鉴定。离子电流的变化和进入电离室的烟雾浓度有关,烟雾浓度越大,烟离子的黏附作用越强,离子电流减小得就越多。当离子电流减小到规定值时,通过放大电路使触发电路翻转,探测器动作并向报警器发送报警信号。

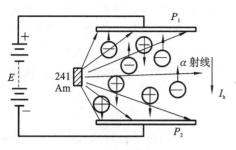

图 6-8 电离室原理图

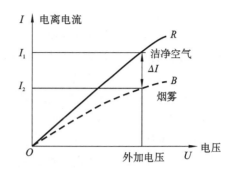

图 6-9 烟雾对电离室电流-电压特性的影响

②光电感烟火灾探测器。

光电感烟探测器是利用火灾时产生的烟雾可以改变光的传播特性,并通过光电效应而制成的一种火灾探测器。根据烟粒子能对光线产生吸收(遮挡)、散射的作用,光电感烟探测器可分为遮光型和散射型两种,主要由检测室、电路、固定支架和外壳等组成。其中检测室是其关键部件。

光电感烟火灾探测器光电感应部件是检测室。检测室由光束发射器、光电接收器和暗室等组成。光束发射器由红外发光二极管和透镜组成,发出一定频率和光强的平行光,光电接收器由光敏元件和透镜组成。光敏元件的作用是将接收到的光能转换为电信号。光敏元件通常用与红外发光二极管发射光的峰值波长相适应的光敏二极管、光敏三极管、光电阻和硅光电池等。暗室将光源和光敏元件置于其中,形成对外部光线隔离的空间。暗室结构要求能与周围空气相通,既使烟雾粒子能畅通地进入,又不能使外部光线射入。通常制成多孔形状,内壁为黑色。

遮光型光电感烟火灾探测器在无烟雾入侵时,光线直射光电接收器,此时接收器接收到的光最强,转换的电流最大,有烟雾入侵时,由于烟雾的遮挡,光线直射光电接收器的光能减少,此时接收器接收到的光能减少,转换的电流减小,当减少到一定值时,经过鉴定,向控制器发报警信号,如图 6-10 所示。

散射型光电感烟火灾探测器在无烟雾入侵时,光电接收器接收不到光线,转换的电流为 0,有烟雾入侵时,由于烟雾的散射,散射光线使光电接收器接收部分光线,并转换成电流,当电流达到一定值时,经过鉴定,向控制器发报警信号,如图 6-11 所示。

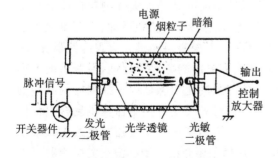

图 6-10 遮光型光电感烟火灾探测器示意图

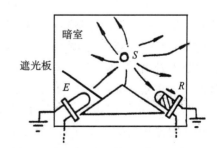

图 6-11 散射型光电感烟火灾探测器示意图

为防止干扰和省电,发光二极管采用脉冲供电,每隔约 3.5 s 红外发光一次,每次发光时间约 100 μs,形成稳定的脉冲信号。

信号经光电接收器放大后,送入内置带 A/D 转换的八位单片计算机或微控制器(MCU)。微控制器具备强大的分析、判断能力,通过在微控制器内部固化的运算程序,可自动完成对外界环境参数变化的补偿及火警、故障的判断,存储环境参数变化的特征曲线,极大地提高了整个系统探测火灾的实时性、准确性;利用总线与火灾报警控制器构成系统,将火灾报警信号送火灾报警控制器。

(2) 线型感烟火灾探测器

线型感烟探测器是一种能探测到被保护范围中某一线路周围烟雾的火灾探测器。按光源分类,可分为红外光束型、紫外光束型和激光型感烟探测器三种。线型感烟火灾探测器与光电式感烟探测器的工作原理相似,都是利用烟雾粒子能改变光线传播特性而制成的。不同的是,线型感烟探测器的光束发射器和光电接收器是在现场中相对放置的两个独立部分而形成一个完整的工作装置,不像光电感烟探测器是将它们置于同一装置(暗室)中。故而有的又称线型感烟探测器为光电式分离型感烟探测器。它们分别安装在被保护区域的两端,中间用光束连接(软连接),其间不能有任何可能遮断光束的障碍物存在,否则探测器将不能工作。在无烟情况下,光束发射器发出的光束射到光电接收器上,转换成电信号,经电路鉴别后,报警器不报警。当火灾发生并有烟雾进入被保护空间,部分光线束将被烟雾遮挡(吸收),则光电接收器接收到的光能将减弱,当减弱到预定值时,通过其电路鉴定,光电接收器便向报警器送出报警信号。

在接收器设置有故障报警电路(如反相比较器),当光束为飞鸟或人遮住、发射器损坏或丢失、探测器因外因倾斜而不能接收光束时,故障报警电路要锁住火警信号通道,向报警器发送故障报警信号。火警信号一旦发生便自动保持,同时使确认灯亮。

线型感烟火灾探测器具有监视范围广、保护面积大、使用环境条件要求不高等特点,适于火灾初始有大空间、大范围烟雾的场所,如大型仓库、电缆沟、易燃材料的堆垛等。

工程中红外光束感烟火灾探测器使用比较普遍。《火灾自动报警系统施工及验收标准》(GB 50166—2019)对红外线光束感烟火灾探测器的探测距离限定为 100 m。

2. 感温火灾探测器

感温火灾探测器是一种能对异常高温(>60 ℃)或异常温升速率(>1 ℃/min)敏感响应的火灾探测器。在火灾初期阶段有大量烟雾产生,其燃烧释放的热量必然会使其周围空气温度异常升高。因此,用对温度(热)敏感元件制成的感温火灾探测器也能及早发现火情。感温火灾探测器是问世最早、品种最多、结构最简单、价格最低廉、不配置电子电路(指其中的几种)也能工作的火灾探测器。与感烟火灾探测器和感光火灾探测器比较,它的可靠性较高、对环境条件的要求更低,但对初期火灾的响应比较迟钝,报警后的火灾损失较大。在建筑工程中,它主要适用于因环境条件无法使用感烟火灾探测器的某些场所;并常与感烟火灾探测器联合使用,组成与门关系,对火灾报警控制器提供复合报警信号。由于感温火灾探测器有很多优点,因此它是仅次于感烟火灾探测器在建筑工程中使用广泛的一种用作火灾早期报警的火灾探测器。这里主要介绍点型感温火灾探测器。

(1) 定温火灾探测器

定温火灾探测器是一种结构简单、工作原理简单、输出信号简单、价格低廉的探测器,在工程中应用普遍。

双金属型定温火灾探测器是定温火灾探测器的一种。它以具有不同热膨胀系数的双金属片为热敏元件构成定温火灾探测器。图 6-12 是一种圆筒状结构的双金属定温火灾探测器。它是将两块磷铜合金片通过固定块固定在一个不锈钢的圆筒形外壳内,在铜合金片的中段部位各装有一个金属触头作为电接点。由于不锈钢的热胀系数大于磷铜合金,当探测器检测到的温度升高时,不锈钢外筒的伸长大于磷铜合金片,两块合金片被拉伸而使两个触头靠拢(图 6-12(a)),或分开(图 6-12(b))。当温度上升到规定值时,触点闭合(断开),探测器即动作,送出一个开关信号使报警器报警。当探测器检测到的温度低于规定值时,经过一段时间,两触点又分开(闭合),探测器又重新自动恢复到监视状态。

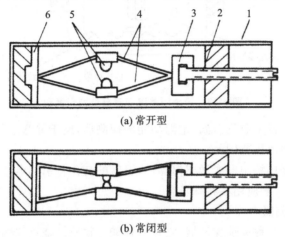

(a) 常开型

(b) 常闭型

图 6-12　双金属圆筒状结构定温火灾探测器示意图
1—不锈钢管;2—调节螺栓;3、6—固定块;4—磷铜合金片;5—电触点

易熔金属型定温火灾探测器是以能在规定温度值时迅速熔化的易熔合金作为热敏元件的定温火灾探测器。易熔金属型定温火灾探测器是一次性产品,使用后由于易熔金属熔化而失去效能。

另一类定温探测器属电子型,常用热敏电阻或半导体 P-N 结为敏感元件,内置电路常用运算放大器。电子型比机械型的分辨能力高,动作温度的准确性容易实现,适用于某些要求动作温度较低,而机械型又难以胜任的场合。机械型不需要配置电路、牢固可靠、不易产生误动作、价格低廉。工程中两种类型的定温探测器都经常采用。

(2) 差温及差定温火灾探测器

差温火灾探测器是对警戒范围中某一点周围的温度上升速率超过规定值时响应的火灾探测器。比较简单的一种结构是膜盒型的差温探测器。

图 6-13 是膜盒型差温探测器结构示意图。由感热外罩与底座形成密闭的气室。气室内设置有波纹膜片、弹性接触片、气塞螺钉等。膜片的作用是将气室内空气受热引起的压强变化转换成位移的变化,是探测器的核心元件。气塞螺钉有三个作用:气室内的空气只能由气塞螺钉上的小孔泄漏到空气中去;与弹性接触片形成一对电接点供外部电路使用;可以调节电接点的间距,以改变电接点闭合的时间。当环境温度的升高缓慢变化时,

气室内外的空气可以通过小孔进行调节,使气室内外空气压力差别不大,波纹膜片基本上不发生位移。火灾发生时,在环境温升速率上升很快的场合中,气室内的空气由于急剧膨胀而来不及从小孔泄漏出去,使气室内的气压增高,推动波纹上凸,推动弹性接触片上移,接触电接点,探测器动作,报警器报警。温升速率越高,探测器动作时间越短。显然,差温探测器适用于火灾时升温快的场合。这是一种可恢复型的感温探测器。

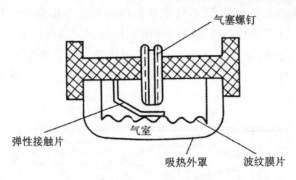

图 6-13 膜盒型差温探测器结构示意图

差定温火灾探测器是兼具差温、定温功能的探测器,属于并联型的感温探测器。这样扩大了感温探测器的使用范围。

线型感温探测器用特制电缆做感温器件,温度的变化将引起电缆相关参数发生变化,从而触发报警动作,一般应用在特殊场合。

3. 感光火灾探测器

感光火灾探测器又称火焰探测器,它是一种能对物质燃烧火焰的光谱特性、光照强度和火焰的闪烁频率敏感响应的火灾探测器。

和感烟、感温、气体等火灾探测器比较,感光火灾探测器的主要优点是响应速度快,其敏感元件在接收到火焰辐射光后的几毫秒,甚至几个微秒内就发出信号,特别适用于突然起火无烟的易燃易爆场所;它不受环境气流的影响,是唯一能在户外使用的火灾探测器;另外,它还有性能稳定、可靠、探测方位准确等优点,因而得到普遍重视,成为目前火灾探测的重要设备和发展方向。

红外感光火灾探测器又称红外火焰探测器,它是一种对火焰辐射的红外光敏感响应的火灾探测器。

红外感光火灾探测器通过红外滤光片将红外光聚焦到敏感元件上,以增强敏感元件接收的红外光辐射强度,并转换成交变电信号,经过放大,通过滤波器对瞬时假信号鉴别并消除。只有具有特定频率范围和峰值的火焰辐射红外光才能被积分电路识别,并使开关电路导通,送出报警信号。

红外火焰探测器对恒定的红外辐射,一般电光源如白炽灯、荧光灯、太阳光及瞬时的闪烁现象不反应,具有响应快、抗干扰性好、误报小、电路工作可靠、通用性强、能在有烟雾场所及户外工作等优点。通常用于电缆地沟、坑道、库房、地下铁道及隧道等场所,特别适用于无阴燃阶段的燃料火灾(如醇类、汽油等易燃液体)的早期报警。

4. 可燃气体火灾探测器

可燃气体火灾探测器是一种能对空气中可燃气体浓度进行检测并发出报警信号的火

灾探测器。

可燃气体火灾探测器是通过测量空气中可燃气体爆炸下限以内的含量,以便当空气中可燃气体浓度达到或超过报警设定值时自动发出报警信号,提醒人们及早采取安全措施,避免事故发生。可燃气体火灾探测器除具有预报火灾、防火防爆功能外,还可以起监测环境污染的作用,主要在易燃易爆场合中安装使用。

目前使用较多的是半导体可燃气体探测器。这是一种用对可燃气体高度敏感的半导体元件作为气敏元件的火灾探测器,可以对空气中散发的可燃气体,如烷(甲烷、乙烷等)、醛(丙醛、丁醛等)、醇(乙醇等)、炔(乙炔等)或气化可燃气体(如一氧化碳、氢气、天然气)等进行有效监测。

图 6-14(b)表示探测器电压-温度关系曲线。为使可燃气体吸附,并对输出电压产生影响,氧化锡(SnO_2)需要 200～300 ℃的温度,氧化锌(ZnO)需要 400～500 ℃的温度。在图 6-14(a)中的 1—2 端加适当电压以满足温度要求,同时电路工作电流为微安级,非常节电。在正常情况下,3—4 间电阻很大,输出电压很小(几百毫伏)。当可燃气体增加时,3—4 间电阻急剧变小,输出电压增大,驱动后级电路翻转,发出报警信号。一般将可燃气体的爆炸下限浓度定义为 100%,当浓度达到极限浓度的 20%～25%时就发出报警信号,确保防火安全。

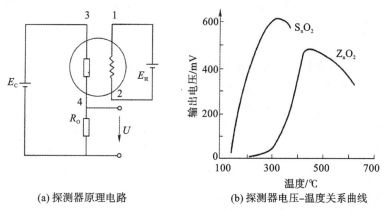

(a) 探测器原理电路　　　　(b) 探测器电压-温度关系曲线

图 6-14　可燃气体探测器温度-电压效应图

5. 电气火灾探测器

工业和公共建筑中,电气火灾成为火灾的一个主要来源,并直接造成重大损失。

(1) 电气火灾的特点

① 隐蔽性强。由于漏电与短路通常都发生在电气设备内部及电线的交叉部位,因此电气起火的最初部位是看不到的,只有当火灾已经形成并发展成大火后才能看到,但此时火势已大,再进行扑救已经很困难。

② 随机性大。电气设备布置分散,发火的位置很难进行预测,并且起火的时间和概率都很难定量化。正是这种突发性和意外性给电气火灾的管理和预防都带来一定难度,并且事故一旦发生容易造成恶性事故。

③ 燃烧速度快。电缆着火时,短路或过流时的电线温度特别高,导致火焰沿着电线燃烧的速度非常快,蔓延也快。

④扑救困难。电线或电气设备着火时一般是在其内部,看不到起火点,且不能用水来扑救,所以带电的电线着火时不易扑救。

⑤损失程度大。电气火灾的发生,通常不仅会单纯导致电气设备的损坏,而且还将殃及人员安全。

(2)电气火灾的原因

电气火灾一般是由于电路漏电、短路和电路过载等原因导致的。

①漏电火灾。

漏电火灾是由于线路的某一个地方因某种原因(自然原因或人为原因,如潮湿、高温、腐蚀等)使电线的绝缘材料的绝缘能力下降,导致电线与电线之间、导线与大地之间有一部分电流通过,这种现象就是漏电。当漏电发生时,漏泄的电流在流入大地途中,如遇电阻较大的部位时会产生局部高温,致使附近的可燃物着火从而引起火灾。

②短路火灾。

电气线路中的裸导线或绝缘导线的绝缘体破损后,火线与邻线,或火线与地线(包括接地从属于大地)在某一点碰在一起,引起电流突然大量增加的现象就叫短路。由于短路时电阻突然减少,电流突然增大,其瞬间的发热量也很大,大大超过了线路正常工作时的发热量,并在短路点易产生强烈的火花和电弧,不仅能使绝缘层迅速燃烧而且能使金属熔化,引起附近的可燃物燃烧从而造成火灾。

③过负荷火灾。

过负荷是指当导线中通过的电流量超过了安全载流量时,导线的温度不断升高。当导线过负荷时,会加快导线绝缘层的老化变质。当严重过负荷时,导线的温度会不断升高,甚至会引起导线的绝缘层发生燃烧并能引燃导线附近的可燃物,从而造成火灾。

(3)电气火灾探测器工作原理

交流电在配电时,一般采用三相四线制(L_1,L_2,L_3,N)或三相五线制(L_1,L_2,L_3,N,PE),用电时,既有单相交流电(L,N),也有三相交流电(L_1,L_2,L_3,N 或 L_1,L_2,L_3,N,PE)。

图 6-15 剩余电流式电气火灾探测器
原理示意图(单相电 L、N 两线)

电路正常工作时,L,N 及 L_1,L_2,L_3,N 上的电流矢量和为 0。若用电设备或线路出现漏电,通过人体或 PE 线流入大地,而不能通过 N 线返回,则电流矢量和不等于 0。用电磁感应器件将各 L 线与 N 线的电流和感应为磁场(图 6-15),则电流矢量和为 0 时,感应磁场为 0,否则,磁场不为 0,漏电越多,感应磁场越大。用二级线圈将感应磁场转换成感应电流,则漏电越多,感应电流越大。当感应电流达到设定值时,电气火灾监控设备发出报警信号。利用这种原理制作的电气火灾探测器就是剩余电流式电气火灾探测器。

电路短路或过载时,导线电流变大,并在导线和电气接头处形成局部高温,将测温式电气火灾探测器放置于配电室(柜)母板或器件上,感应温度的变化并转换成电流,由监控器判断、报警、控制。

6.2.3　火灾探测器选择的一般原则

合理选择和使用探测器,是工程设计中极为重要的问题,它对整个系统是否能正常工作,有效地对需要保护的范围进行保护及减少误报等都有极其重要的作用。

1. 火灾探测器选型时应考虑的因素

火灾探测器选型时应考虑探测区域的以下因素:

①可能发生火灾的部位和燃烧材料;

②初期火灾的形成和发展特征;

③房间高度;

④环境条件;

⑤可能引起误报的因素;

⑥对火灾形成特征不可预料的场所。

可根据模拟试验的结果选择火灾探测器。

2. 点型感温火灾探测器的选型原则

(1)点型感温火灾探测器的分类

点型感温火灾探测器的分类见表 6-2。

表 6-2　点型感温火灾探测器的分类

探测器类别	典型应用温度/℃	最高应用温度/℃	动作温度下限值/℃	动作温度上限值/℃
A1	25	50	54	65
A2	25	50	54	70
B	40	65	69	85
C	55	80	84	100
D	70	95	99	115
E	85	110	114	130
F	100	125	129	145
G	115	140	144	160

(2)不同高度的房间适用的点型感温火灾探测器类型

不同高度的房间适用的点型感温火灾探测器类型见表 6-3。

表 6-3　不同高度的房间适用的点型感温火灾探测器类型

房间高度 h/m	感烟探测器	感温探测器			火焰探测器
		一级灵敏度	二级灵敏度	三级灵敏度	
$12<h\leqslant20$	不适合	不适合	不适合	不适合	适合
$8<h\leqslant12$	适合	不适合	不适合	不适合	适合
$6<h\leqslant8$	适合	适合	不适合	不适合	适合
$4<h\leqslant6$	适合	适合	适合	不适合	适合
$h\leqslant4$	适合	适合	适合	适合	适合

3. 点型感温火灾探测器的选型要求

①应根据应用场所的典型应用温度和最高应用温度选择相应的探测器。

②需要联动熄灭"安全出口"标志灯的安全出口内侧,宜选择点型感温火灾探测器。

4. 线型感温火灾探测器的选型原则

线型感温火灾探测器包括缆式线型感温火灾探测器和线型光纤感温火灾探测器。

这两种火灾探测器在电缆火灾探测方面适用性的差异如下:

①缆式线型感温火灾探测器适用于工矿企业电缆隧道、桥架等场所的电气火灾预警探测;

②线型光纤感温火灾探测器适用于市政电缆隧道场所的电气火灾预警探测。

5. 火灾探测器的灵敏度

火灾探测器在火灾条件下响应火灾参数的敏感程度称为火灾探测器的灵敏度。

（1）感烟火灾探测器灵敏度

根据对烟参数的敏感程度,感烟火灾探测器灵敏度分为Ⅰ、Ⅱ、Ⅲ级。在烟雾相同的情况下,高灵敏度意味着可对较低的烟粒子浓度做出响应。一般来讲,Ⅰ级灵敏度用于禁烟场所;Ⅱ级灵敏度用于卧室等少烟场所;Ⅲ级灵敏度用于多烟场所。

（2）感温火灾探测器灵敏度

根据对温度参数的敏感程度,感温火灾探测器灵敏度分为Ⅰ、Ⅱ、Ⅲ级。常用的典型定温、差定温火灾探测器灵敏度级别标志如下。

Ⅰ级灵敏度（62 ℃）:绿色。

Ⅱ级灵敏度（70 ℃）:黄色。

Ⅲ级灵敏度（78 ℃）:红色。

6. 综合环境条件选用火灾探测器

火灾探测器使用的环境条件,如环境温度、气流速度、空气湿度、光干扰等,对火灾探测器的工作性能会产生影响。不同场所点型火灾探测器的选择见表6-4,不同场所线型火灾探测器的选择参见表6-5。

表6-4 不同场所点型火灾探测器的选择

类　　型	宜选择设置的场所	不宜选择设置的场所
感烟探测器	饭店、旅馆、教学楼、办公楼的厅堂、卧室、办公室等;电子计算机房、通信机房、电影或电视放映室等;楼梯、走道、电梯机房、书库、档案库等;有电气火灾危险的场所	不宜选择离子感烟探测器的场所有:相对湿度经常大于95%;气流速度大于5 m/s;有大量粉尘、水雾滞留;可能产生腐蚀性气体;在正常情况下有烟滞留;产生醇类、醚类、酮类等有机物质。 不宜选择光电感烟探测器的场所有:可能产生黑烟;有大量粉尘、水雾滞留;可能产生蒸气和油雾;在正常情况下有烟滞留

续表

类　型	宜选择设置的场所	不宜选择设置的场所
感温探测器	相对湿度经常大于 95％;无烟火灾;有大量粉尘;在正常情况下有烟和蒸气滞留;厨房、锅炉房、发电机房、烘干车间等;吸烟室等;其他不宜安装感烟探测器的厅堂和公共场所	可能产生阴燃或发生火灾不及时报警将造成重大损失的场所;温度在 0 ℃ 以下的场所,不宜选择定温探测器;温度变化较大的场所,不宜选择差温探测器
火焰探测器	火灾时有强烈的火焰辐射;液体燃烧火灾等无阴燃阶段的火灾;需要对火焰做出快速反应	可能发生无焰火灾;在火焰出现前有浓烟扩散;探测器的"视线"易被遮挡;探测器宜受阳光或其他光源直接或间接照射;在正常情况下有明火作业以及 X 射线、弧光等影响
可燃气体探测器	使用管道燃气或天然气的场所;煤气站和煤气表房以及存储液化石油气罐的场所;其他散发可燃气体和可燃蒸气的场所	有可能产生一氧化碳气体的场所,宜选择一氧化碳气体探测器
复合式探测器	装有联动装置、自动灭火系统以及用单一探测器不能有效确认火灾的场合,宜采用感温探测器、感烟探测器、火焰探测器的组合	

表 6-5　不同场所线型火灾探测器的选择

类　型	设置的场所
红外光束感烟探测器	无遮挡大空间或有特殊要求的场所
缆式线型定温探测器	电缆隧道、电缆竖井、电缆夹层、电缆桥架等;配电装置、开关设备、变压器等;各种皮带输送装置;控制室、计算机房的闷顶内、地板下及重要设施隐蔽处等
空气管式线型差温探测器	可能产生油类火灾且环境恶劣的场所;不宜安装点型火灾探测器的夹层、闷顶

6.3　消防联动系统

　　消防联动系统是火灾自动报警系统中的一个重要组成部分,通常包括消防联动控制器、消防控制室显示装置、传输设备、消防电气控制装置、消防设备应急电源、消防电动装置、消防联动模块、消火栓按钮、消防应急广播设备、消防电话等设备和组件。

6.3.1　灭火设备的联动控制

　　建筑消防系统中常见的灭火设施有消火栓系统、自动喷水灭火系统、气体灭火系统等。

1. 室内消火栓系统的联动控制

室内消火栓灭火系统由消防给水设备(包括供水管网、消防泵及阀门等)和电控部分(包括消火栓报警按钮、消防中心启泵装置及消火栓泵控制柜等)组成。室内消火栓系统联动控制原理如图 6-16 所示,电路接口示意图如图 6-17 所示。

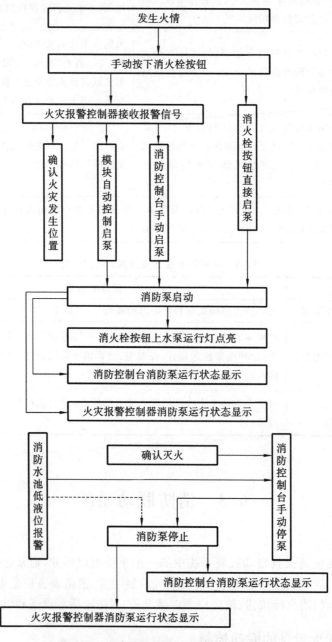

图 6-16　室内消火栓系统联动控制原理图

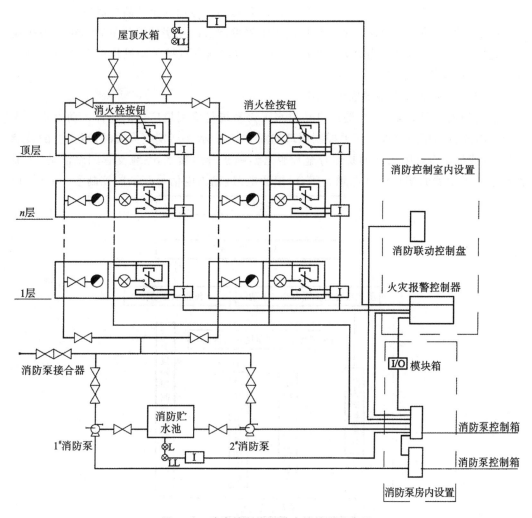

图 6-17　消火栓灭火系统电路接口示意图

　　每个消火栓箱都配有消火栓报警按钮,按钮表面为薄玻璃或半硬塑料片。当发现并确认火灾后,打碎按钮表面玻璃或用力压下塑料片,按钮即动作,并向消防控制室发出报警信号,远程启动消防泵。此时,所有消火栓按钮的启泵显示灯全部点亮,显示消防泵已经动作。

　　在现场,对消防泵的手动控制有两种:一是通过消火栓按钮(破玻按钮)直接启动消防泵;二是通过手动报警按钮,将手动报警信号送入控制室的控制器,使手动或自动信号控制消防泵启动,同时接收返回的水位信号。

　　室内消火栓系统应具有以下 3 个控制功能。

　　①消防控制室自动/手动控制启停泵。消防控制室火灾报警控制柜接收现场报警信号(消火栓按钮、手动报警按钮、报警探测器等),通过与总线连接的输入、输出模块自动/手动启停消防泵,并显示消防泵的工作状态。

　　②在消火栓箱处,通过手动按钮直接启动消防泵,并接收消防泵启动后返回的状态信

号,同时报警信号传输至火灾报警控制器,消防泵启动信号返回至消防控制室。

③硬接线手动直接控制。从消防控制室报警控制台到泵房的消防泵启动柜用硬接线方式直接启动消火栓泵。当火灾发生时,可在消防控制室直接手动操作启动消防泵进行灭火,并显示泵的工作状态。

2. 自动喷水灭火系统的联动控制

在自动喷水灭火系统中,湿式自动喷水灭火系统是应用最广泛的一种自动喷水灭火系统。湿式自动喷水灭火系统的控制原理如图 6-18 所示。当发生火灾时,喷头上的玻璃球破碎(或易熔合金喷头上的易熔合金片脱落),喷头开启喷水,系统支管的水流动,水流推动水流指示器的桨片使其电触点闭合,接通电路,输出电信号至消防控制室。此时,设

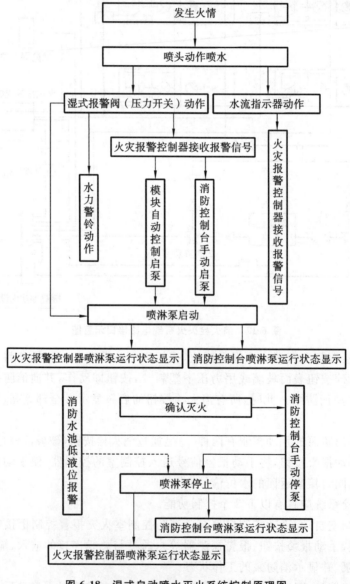

图 6-18 湿式自动喷水灭火系统控制原理图

在主干管上的湿式报警阀被水流冲开,向洒水喷头供水,同时水流经过报警阀流入延迟器,经延迟后,再流入压力开关使压力继电器接通,动作信号也送至消防控制室。随后,喷淋泵启动,启泵信号返回至消防控制室,而压力继电器动作的同时,启动水力警铃,发出报警信号。当支管末端放水阀或试验阀动作时,也将有相应的动作信号送入消防控制室,这样既保证了火灾时动作无误,又方便平时维修检查。自喷泵可受水路系统的压力开关或水流指示器直接控制,延时启动泵,或者由消防控制室控制启停泵。自动喷水灭火系统的控制功能如下。

①总线控制方式(具有手动/自动控制功能)。当某层或某防火分区发生火灾时,喷头表面温度达到动作温度后,喷头开启,喷水灭火,相应的水流指示器动作,其报警信号通过输入模块传递到报警控制器,发出声光报警并显示报警部位,随着管内水压下降,湿式报警阀动作,带动水力警铃报警,同时压力开关动作,输入模块将压力开关的动作报警信号通过总线传递到报警控制器,报警控制器接收到水流指示器和压力开关报警后,向喷淋泵发出启动指令,并显示泵的工作状态。

②硬接线手动直接控制。从消防控制室报警控制台到泵房的喷淋泵启动柜用硬接线方式直接启动喷淋泵。当火灾发生时,可在消防控制室直接手动启动喷淋泵进行灭火,并显示泵的工作状态。图 6-19 为自动喷水灭火系统控制接口示意图。

3. 气体灭火系统的联动控制

气体灭火系统主要用于建筑物内不适宜用水灭火,且又比较重要的场所,如变配电室、通信机房、计算机房、档案室等。气体灭火系统是通过火灾探测报警系统对灭火装置进行联动控制,实现自动灭火。气体灭火系统启动方式有自动启动、紧急启动和手动启动。自动启动信号要求来自不同火灾探测器的组合(防止误动作)。自动启动不能正常工作时,可采用紧急启动,紧急启动不能正常工作时,可采用手动启动。典型气体灭火联动控制系统工作流程如图 6-20 所示,气体灭火系统控制接线图如图 6-21 所示(采用集中探测报警方式)。

6.3.2　防排烟设备的联动控制

高层建筑中防烟设备的作用是防止烟气浸入疏散通道,而排烟设备的作用是消除烟气大量积累并防止烟气扩散到疏散通道。因此,防烟、排烟设备及其系统的设计是综合性的自动消防系统的重要组成部分。防排烟系统一般在选定自然排烟、机械排烟、自然与机械排烟并用或机械加压送风等四种方式后进行防排烟联动控制系统的设计。在无自然防烟、排烟的条件下,走廊作机械排烟,前室作加压送风,楼梯间作加压送风。防排烟系统的控制原理如图 6-22 所示,发生火灾后,空调、通风系统风道上的防火阀熔断关闭并发出报警信号,同时感烟(感温)探测器发出报警信号,火灾报警控制器收到报警信号,确认火灾发生位置,由联动控制盘自动(或手动)向各防排烟设备的执行机构发出动作指令,启动加压送风机和排烟风机,开启排烟阀(口)和加压送风口并反馈信号至消防控制室。消防控制室能显示各种电动防排烟设备的运行情况,并能进行联锁控制和就地手动控制。根据火灾情况打开有关排烟道上的排烟口,启动排烟风机,降下有关防火卷帘及防烟垂壁,停止有关防火分区内的空调系统,设有正压送风系统时则同时打开送风口、启动送风机等。

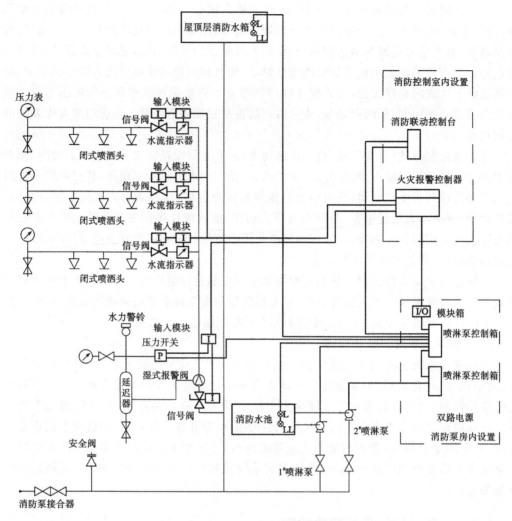

图 6-19　自动喷水灭火系统控制接口示意图

排烟风机、加压送风机系统控制接口示意图如图 6-23 所示。

排烟阀或送风阀装在建筑物的过道、防烟前室或无窗房间的防排烟系统中,用作排烟口或加压送风口。排烟阀阀门平时关闭,当发生火灾时阀门打开,接收信号。防火阀一般装在有防火要求的通风及空调系统的风道上,正常时是打开的,当发生火灾时,随着烟气温度上升,熔断器熔断使阀门自动关闭。图 6-24 为排烟系统安装示意图,在由空调控制的送风管道中安装的两个防烟防火阀,在火灾时应该能自动关闭,停止送风。在回风管道回风口处安装的防烟防火阀也应在火灾时能自动关闭。但在由排烟风机控制的排烟管道中安装的排烟阀,在火灾时则应打开排烟。

6.3.3　防火卷帘及防火门的控制

防火卷帘是一种适用于建筑物较大洞口处的防火、隔热设施,通过传动装置和控制系统实现卷帘的升降。防火卷帘广泛应用于工业建筑与民用建筑的防火隔断区,能有效地

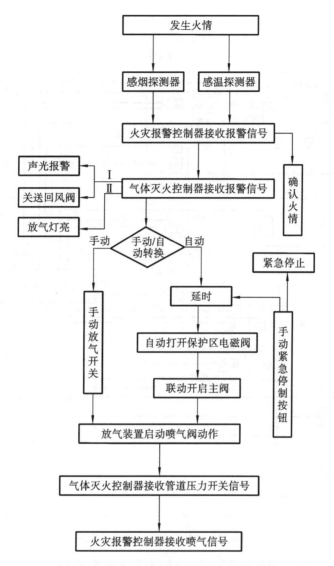

图 6-20　气体灭火联动控制系统工作流程

阻止火势蔓延,保障生命财产安全,是现代建筑中不可缺少的防火设施。

防火卷帘设计要求如下。

①疏散通道上的防火卷帘,应设置火灾探测器组成的警报装置,且两侧应设置手动控制按钮。

②疏散通道上的防火卷帘应按下列程序自动控制下降(安装图如图 6-25 所示):

a.感烟探测器动作后,卷帘下降至距地面 1.8 m;

b.感温探测器动作后,卷帘下降到底。

③用作防火分隔的防火卷帘,火灾探测器动作后,卷帘应下降到底(安装图如图 6-26 所示)。

④消防控制室应能远程控制防火卷帘。

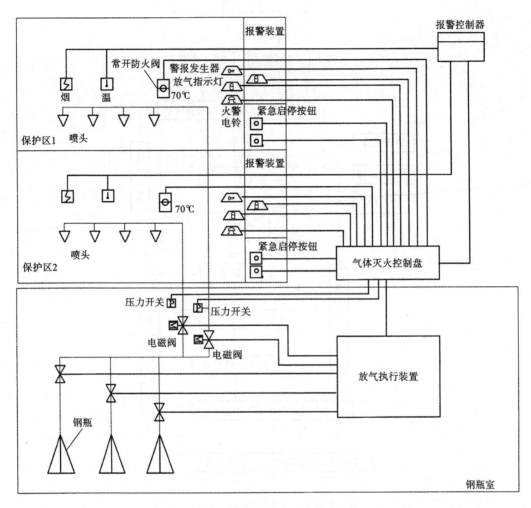

图 6-21 气体灭火系统控制接线图

⑤感烟、感温火灾探测器的报警信号及防火卷帘的关闭信号应送至消防控制室。

⑥当防火卷帘采用水幕保护时,水幕电动阀的开启宜用定温探测器与水幕管网有关的水流指示器组成的控制电路控制。

电动防火门的作用在于防烟与防火。防火门在建筑中的状态:正常(无火灾)时,防火门处于开启状态,火灾时受控关闭,关后仍可通行。防火门的控制就是在火灾时控制其关闭,其控制方式可由现场感烟探测器控制,也可由消防控制中心控制,还可以手动控制。防火门的工作方式有平时不通电、火灾时通电关闭和平时通电、火灾时断电关闭两种方式。

电动防火门的设计要求如下:

①门任一侧的火灾探测器报警后,防火门应自动关闭;

②防火门关闭信号应送到消防控制室;

③电动防火门宜选用平时不耗电的释放器,暗设,且应设就地手动控制装置。

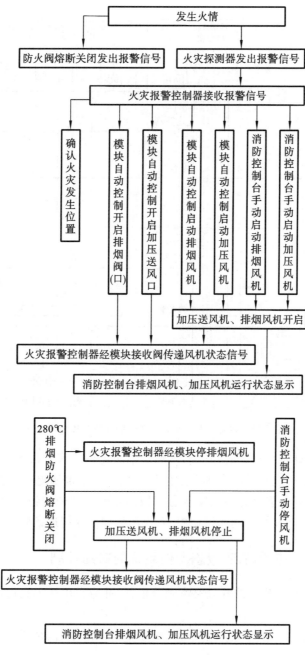

图 6-22　防排烟系统控制原理

6.3.4　电梯的联动控制

消防联动控制器应具有发出联动控制信号强制所有电梯停于首层或电梯转换层的功能。电梯运行状态信息和停于首层或转换层的反馈信号应传送给消防控制室显示,轿厢内应设置能直接与消防控制室通话的专用电话。

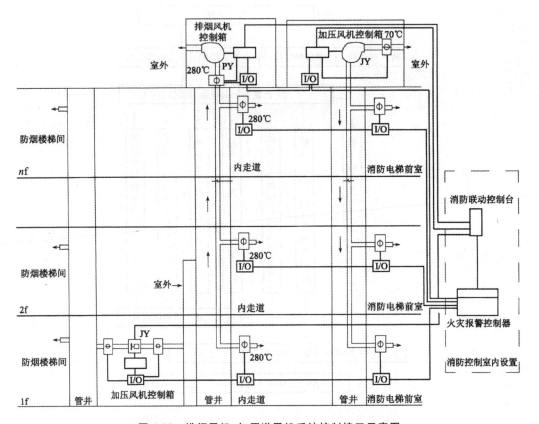

图 6-23 排烟风机、加压送风机系统控制接口示意图

备用电源使电梯不受火灾时停电的影响。消防电梯要有专用操作装置,该装置可设在消防控制中心,也可设在消防电梯首层的操作按钮处。消防电梯应在消防控制室和首层电梯门庭处明显的位置设有在火灾状态下控制迫降归底的按钮。此外,电梯轿厢内要设专线电话,以便消防队员与消防控制中心、火场指挥部保持通话联系。

6.3.5 火灾警报和消防应急广播系统的联动控制

①火灾自动报警系统应设置火灾声光警报器,并应在确认火灾后启动建筑内的所有火灾声光警报器。

火灾警报是第一个通知建筑内人员火灾发生的消防设备,是火灾自动报警系统必须设置的组件之一。

确认火灾后,对全楼发出火灾警报,警示人员同时疏散。火灾声警报器设置带有语音提示功能时,应同时设置语音同步器。同一建筑内设置多个火灾声警报器时,火灾自动报警系统应能同时启动和停止所有火灾声警报器工作。

②集中报警系统和控制中心报警系统应设置消防应急广播。

消防应急广播与普通广播或背景音乐广播合用时,应具有强制切入消防应急广播的功能。

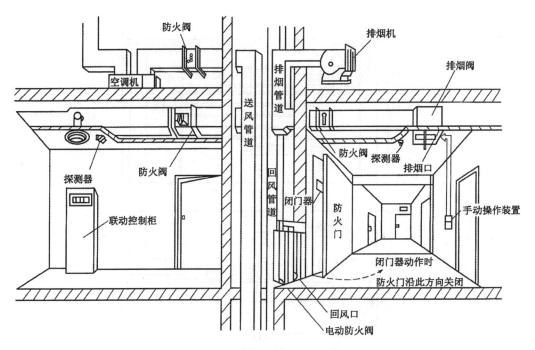

图 6-24　排烟系统安装示意图

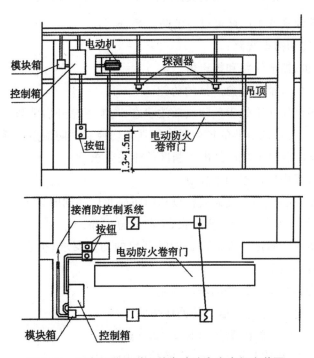

图 6-25　设在疏散通道上的电动防火卷帘门安装图

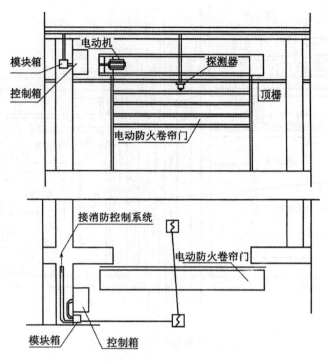

图 6-26　用作防火分隔的电动防火卷帘门安装图

a.普通广播或背景音乐广播可以与消防广播合用：

Ⅰ.共用扬声器和馈电线路；

Ⅱ.共用扩音机、馈电线路和扬声器。

b.应具有强制切入消防应急广播的功能：

Ⅰ.扩音机、扬声器无论处于关闭或播放状态，均能紧急开启消防应急广播；

Ⅱ.设有开关或音量调节器的扬声器应能强制切换到消防应急广播线路。

c.设备的选型应满足消防产品准入制度的相关要求。

③在设计的过程中应注意如下要点。

a.集中与控制中心报警系统火灾警报和消防应急广播同时设置。

b.确认火灾后，向全楼进行火灾警报、消防应急广播。

c.扩音机的功率应满足所有扬声器同时开启的功率要求；扩音机（功率放大器）宜按楼层或防火分区分布设置。

d.火灾警报和消防应急广播的联动控制。

Ⅰ.火灾警报和消防应急广播交替循环播放；

Ⅱ.先发出 1 次火灾警报，警报时长 8～20 s；

Ⅲ.再发出 1～2 次消防应急广播，广播时长 10～30 s。

6.4　火灾自动报警系统设计

6.4.1　系统设备的设计

进行系统设备的设计及设置时,要充分考虑我国国情和实际工程的使用性质,常住人员、流动人员和保护对象现场实际状况等因素。

1. 系统参数兼容性要求

火灾自动报警系统中的系统设备及与其连接的各类设备之间的接口和通信协议的兼容性应符合《火灾自动报警系统组件兼容性要求》(GB 22134—2008)等标准的规定。

2. 火灾报警控制器和消防联动控制器的设计容量

(1)火灾报警控制器的设计容量

任意一台火灾报警控制器所连接的火灾探测器、手动火灾报警按钮和模块等设备总数和地址总数,均不应超过 3200 点,其中每一总线回路连接设备的总数不宜超过 200 点,且应留有不少于额定容量 10％的余量。

(2)消防联动控制器的设计容量

任意一台消防联动控制器地址总数或火灾报警控制器(联动型)所控制的各类模块总数不应超过 1600 点,每一联动总线回路连接设备的总数不宜超过 100 点,且应留有不少于额定容量 10％的余量。

3. 总线短路隔离器的设计参数

系统总线上应设置总线短路隔离器,每只总线短路隔离器保护的火灾探测器、手动火灾报警按钮和模块等消防设备的总数不应超过 32 点;总线穿越防火分区时,应在穿越处设置总线短路隔离器。

4. 火灾报警控制器和消防联动控制器的设置

火灾报警控制器和消防联动控制器,应设置在消防控制室内或有人员值班的房间和场所。火灾报警控制器和消防联动控制器安装在墙上时,其主显示屏高度宜为 1.5～1.8 m,其靠近门轴的侧面距墙不应小于 0.5 m,正面操作距离不应小于 1.2 m。

集中报警系统和控制中心报警系统中的区域火灾报警控制器在满足下列条件时,可设置在无人员值班的场所:

①本区域内无需要手动控制的消防联动设备;

②本区域火灾报警控制器的所有信息在集中火灾报警控制器上均有显示,且能接收集中火灾报警控制器的联动控制信号,并自动启动相应的消防设备;

③设置的场所只有值班人员可以进入。

6.4.2 火灾报警区域和探测区域的划分

1. 报警区域的划分

在火灾自动报警系统设计中,首先要正确地划分火灾报警区域,确定相应的报警系统,才能使报警系统及时、准确地报出火灾发生的具体部位,就近采取措施,及时灭火。

火灾报警区域是将火灾自动报警系统所警戒的范围按照防火分区或楼层划分的报警单元。火灾报警区域应以防火分区为基础,一个报警区域宜由一个或同层相邻几个防火分区组成。

每个火灾报警区域应设置一台区域报警控制器或区域显示盘,报警区域一般不得跨越楼层。因此,除了高层公寓和塔楼式住宅,一台区域报警控制器所警戒的范围一般也不得跨越楼层。

2. 探测区域的划分

火灾探测区域是将报警区域按照探测火灾的部位划分的单元。它是火灾探测器探测部位编号的基本单元,每个火灾探测区域对应在火灾报警控制器(或楼层显示盘)上显示一个部位号,这样才能迅速而准确地探测出火灾报警的具体部位。因此,在被保护的火灾报警区域内应按顺序划分火灾探测区域。

火灾探测区域的划分应符合下列要求。

①红外光束线型感烟火灾探测器的探测区域长度不宜超过 100 m,缆式感温火灾探测器的探测区域长度不宜超过 200 m,空气管差温火灾探测器的探测区域长度宜为 20～100 m。

②火灾探测区域应按独立房(套)间划分。一个探测区域的面积不宜超过 500 m^2;从主要入口能看清其内部,且面积不超过 1000 m^2 的房间,也可划为一个探测区域。

③下列二级保护对象,可将几个房间划分为一个探测区域:

a. 相邻房间不超过 5 间,总面积不超过 400 m^2,并在门口设有灯光显示装置;

b. 相邻房间不超过 10 间,总面积不超过 1000 m^2,在每个房间门口均能看清其内部,并在门口设有灯光显示装置。

④下列部位,应单独划分探测区域:敞开或封闭楼梯间;防烟楼梯间前室、消防电梯前室、消防电梯与防烟楼梯间合用的前室;走道、坡道、管道井、电缆井、电缆隧道;建筑物闷顶、夹层。

火灾探测区域是火灾自动报警系统的最小单位,代表了火灾报警的具体部位。它能帮助值班人员及时、准确地到达火灾现场,采取有效措施,扑灭火灾,减少损失。因此,在火灾自动报警系统设计时,必须严格按照规范要求正确划分火灾探测区域。

6.4.3 火灾探测器及手动报警按钮的设置

1. 火灾探测器数量的设置

在探测区域内的每个房间应至少设置一只火灾探测器。当某探测区域较大时,探测器的设置数量应根据探测器不同种类、房间高度以及被保护面积的大小而定;另外,若房间顶棚由 0.6 m 以上梁隔开时,每个隔开部分应划分一个探测区域,然后再确定探测器数量。计算方法如下。

　　根据探测器监视的地面面积 S、房间高度、屋顶坡度及火灾探测器的类型,由表 6-6 确定不同种类探测器的保护面积和保护半径,由式(6-1)可计算出所需设置的探测器数量。

$$N \geqslant \frac{S}{K \cdot A} \tag{6-1}$$

式中:N——探测区域内所需设置的探测器数量,只,N 取整数;

　　　S——探测区域的面积,m^2;

　　　A——探测器的保护面积,m^2;

　　　K——修正系数,一般容纳超过 10000 人的公共场所为特级,宜取 0.7~0.8;容纳 2000~10000 人的公共场所为一级,宜取 0.8~0.9;容纳 500~2000 人的公共场所为二级,宜取 0.9~1.0;其他场所可取 1.0,见表 6-7。

表 6-6　感烟、感温探测器的保护面积和保护半径

火灾探测器的种类	地面面积 S/m^2	房间高度 h/m	一只探测器的保护面积 A 和保护半径 R					
			屋顶坡度 θ					
			$\theta \leqslant 15°$		$15° < \theta \leqslant 30°$		$\theta > 30°$	
			A/m^2	R/m	A/m^2	R/m	A/m^2	R/m
感烟探测器	$S \leqslant 80$	$h \leqslant 12$	80	6.7	80	7.2	80	8.0
	$S > 80$	$6 < h \leqslant 12$	80	6.7	100	8.0	120	9.9
		$h \leqslant 6$	60	5.8	80	7.2	100	9.0
感温探测器	$S \leqslant 30$	$h \leqslant 8$	30	4.4	30	4.9	30	5.5
	$S > 30$	$h \leqslant 8$	20	3.6	30	4.9	40	6.3

注:保护面积——一只探测器能有效探测的地面面积;保护半径——一只探测器能有效探测的单向最大水平距离。

表 6-7　火灾自动报警系统保护对象分级

等　级	保　护　对　象	
特级	建筑高度超过 100 m 的高层民用建筑	
一级	建筑高度不超过 100 m 的高层民用建筑	一类建筑
	建筑高度不超过 24 m 的民用建筑及建筑高度超过 24 m 的单层公共建筑	200 张床及以上的病房楼,每层建筑面积 1000 m^2 及以上的门诊楼; 每层建筑面积超过 3000 m^2 的百货大楼、商场、展览楼、高级宾馆、财贸金融楼、电信楼、高级办公楼; 藏书超过 100 万册的图书馆、书库;超过 3000 个座位的体育馆;重要的科研楼、资料档案楼; 省级的邮政楼、广播电视楼、电力调度楼、防灾指挥调度楼; 重点文物保护场所; 大型影剧院、会堂、礼堂

等 级	保 护 对 象	
一级	工业建筑	甲、乙类生产厂房;甲、乙类物品库房; 占地面积或总建筑面积超过 1000 m² 的丙类物品库房; 总建筑面积超过 1000 m² 的地下丙、丁类生产车间及物品库房
	地下民用建筑	地下铁道、车站;地下电影院、礼堂;使用面积超过 1000 m² 的地下商店、医院、旅馆、展览厅及其他商业或公共活动场所;重要的实验室、图书、资料、档案库
二级	建筑高度不超过 100 m 的高层民用建筑	二类建筑
	建筑高度不超过 24 m 的民用建筑及建筑高度超过 24 m 的单层公共建筑	设有空气调节系统或每层建筑面积超过 2000 m²,但不超过 3000 m² 的商业楼、财贸金融楼、电信楼、展览楼、旅馆、办公室、车站、海河客运码头、航空港等公共建筑及其他商业或公共活动场所;市、县级的邮政楼、广播电视楼、电力调度楼、防灾指挥调度楼;藏书超过 100 万册的图书馆、书库;中型以下的影剧院;高级住宅;档案楼
	工业建筑	丙类生产厂房; 建筑面积大于 50 m²,但不大于 1000 m² 的丙类物品库房; 总建筑面积大于 50 m²,但不超过 1000 m² 的地下丙、丁类生产车间及地下物品库房
	地下民用建筑	长度超过 500 m 的城市隧道; 使用面积不超过 1000 m² 的地下商店、医院、旅馆、展览厅及其他商业或公共活动场所

2. 火灾探测器的安装间距

当一个火灾探测区域所需的探测器数量确定后,如何布置这些探测器,依据是什么,会受到哪些因素的影响,如何处理等问题是设计中最关心的问题。

火灾探测器的安装间距为两只相邻探测器中心之间的水平距离,如图 6-27 所示。当火灾探测器呈矩形布置时,a 称为横向安装间距,b 为纵向安装间距。图 6-27 中,1 号火灾探测器的安装间距是指其和与之相邻的 2、3、4、5 号探测器之间的距离。

3. 火灾探测器的安装间距要求

火灾探测器布置的基本原则是被保护区域都要处于探测器的保护范围之中。一个火灾探测器的保护面积是以它的保护半径 R 为半径的内接正四边形面积,而它的保护区域是一个保护半径为 R 的圆(图 6-27)。A、R、a、b 之间近似符合如下关系:

探测器设计实例

$$A = a \times b \tag{6-2}$$

$$R = \sqrt{\left(\frac{a}{2}\right)^2 + \left(\frac{b}{2}\right)^2} \qquad\qquad (6\text{-}3)$$

$$D = 2R \qquad\qquad (6\text{-}4)$$

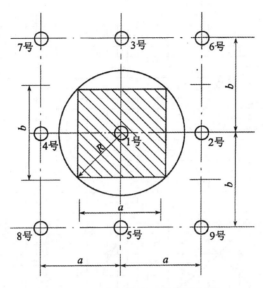

图 6-27　火灾探测器安装间距图例

　　工程设计中,为了减少探测器布置的工作量,常借助"安装间距极限曲线"(图 6-28)确定满足 A、R 的安装间距,其中 D 称为保护直径。图 6-28 中的极限曲线 $D_1 \sim D_4$ 和 D_6 适于感温探测器,极限曲线 $D_7 \sim D_{11}$ 和 D_5 适于感烟探测器。

　　当从表 6-6 查得探测器保护面积 A 和保护半径 R 后,计算保护直径 $D = 2R$,根据算得的 D 值和对应的保护面积 A,在图 6-28 上取一点,此点所对应的坐标即为安装距离 a、b。具体布置后,再检验探测器到最远点水平距离是否超过了探测器的保护半径,如果超过,则应重新布置或增加探测器的数量。

　　①感烟火灾探测器、感温火灾探测器的安装间距,应根据探测器的保护面积 A 和保护半径 R 确定,并不应超过图 6-28 探测器安装间距的极限曲线 $D_1 \sim D_{11}$(含 $D_{9'}$)规定的范围。

　　图中,A——探测器的保护面积(m^2);a、b——探测器的安装间距(m);$D_1 \sim D_{11}$(含 $D_{9'}$)在不同保护面积 A 和保护半径下确定探测器安装间距 a、b 的极限曲线;Y、Z——极限曲线的端点(在 Y 和 Z 两点间的曲线范围内,保护面积可得到充分利用)。

　　②在宽度小于 3 m 的内走道顶棚上设置点型探测器时,宜居中布置。感温火灾探测器的安装间距不应超过 10 m;感烟火灾探测器的安装间距不应超过 15 m;探测器至端墙的距离,不应大于探测器安装间距的 1/2。

　　③点型探测器至墙壁、梁边的水平距离,不应小于 0.5 m。

　　④点型探测器周围 0.5 m 内,不应有遮挡物。

　　⑤点型探测器至空调送风口边的水平距离不应小于 1.5 m,并宜接近回风口安装。探测器至多孔送风顶棚孔口的水平距离不应小于 0.5 m。

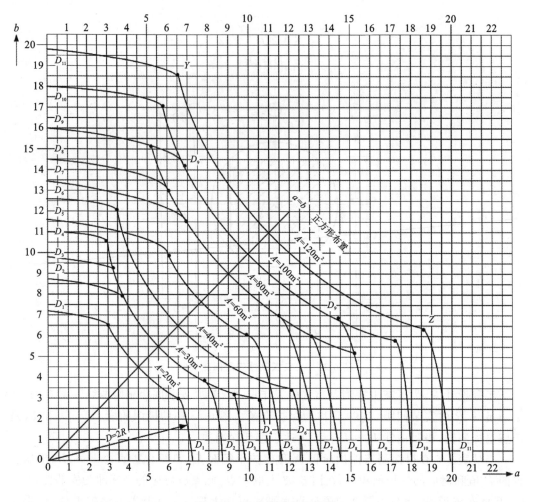

图 6-28　安装间距极限曲线

⑥当屋顶有热屏障时,点型感烟火灾探测器下表面至顶棚或屋顶的距离,应符合表 6-8 的规定。

表 6-8　点型感烟火灾探测器下表面至顶棚或屋顶的距离

探测器的安装高度 h/m	点型感烟火灾探测器下表面至顶棚或屋顶的距离 d/mm					
	顶棚或屋顶坡度 θ					
	$\theta \leqslant 15°$		$15° < \theta \leqslant 30°$		$\theta > 30°$	
	最小	最大	最小	最大	最小	最大
$h \leqslant 6$	30	200	200	300	300	500
$6 < h \leqslant 8$	70	250	250	400	400	600
$8 < h \leqslant 10$	100	300	300	500	500	700
$10 < h \leqslant 12$	150	350	350	600	600	800

4. 影响探测器设置的因素

在实际工程中,建筑结构、房间分隔等因素均会对探测器的有效监测产生影响,从而影响到探测区域内探测器设置的数量。

①在有梁的顶棚上设置点型感烟火灾探测器、感温火灾探测器时,应符合下列规定:

a.当梁凸出顶棚的高度小于 200 mm 时,可不计梁对探测器保护面积的影响;

b.当梁凸出顶棚的高度为 200~600 mm 时,应按图 6-29 和表 6-9 的要求确定梁对探测器布置的影响和一只探测器能够保护的梁间区域的数量;

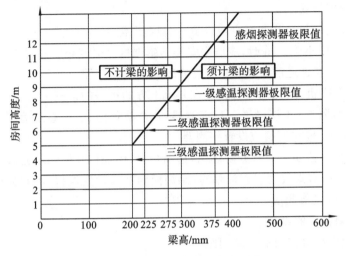

图 6-29 梁高对探测器布置的影响

c.当梁凸出顶棚的高度超过 600 mm 时,被梁隔断的每个梁间区域应至少设置一只探测器;

d.当被梁隔断的区域面积超过一只探测器的保护面积时,被隔断的区域应按前面规定计算探测器的设置数量;

e.当梁间净距小于 1 m 时,可不计梁对探测器保护面积的影响。

表 6-9 按梁间区域面积确定一只探测器保护的梁间区域的个数

探测器的保护面积 A/m^2	梁隔断的梁间区域面积 Q/m^2	一只探测器保护的梁间区域的个数	探测器的保护面积 A/m^2	梁隔断的梁间区域面积 Q/m^2	一只探测器保护的梁间区域的个数
感温探测器 20	$Q>12$	1	感烟探测器 60	$Q>36$	1
	$8<Q\leqslant12$	2		$24<Q\leqslant36$	2
	$6<Q\leqslant8$	3		$18<Q\leqslant24$	3
	$4<Q\leqslant6$	4		$12<Q\leqslant18$	4
	$Q\leqslant4$	5		$Q\leqslant12$	5
30	$Q>18$	1	80	$Q>48$	1
	$12<Q\leqslant18$	2		$32<Q\leqslant48$	2
	$9<Q\leqslant12$	3		$24<Q\leqslant32$	3
	$6<Q\leqslant9$	4		$16<Q\leqslant24$	4
	$Q\leqslant6$	5		$Q\leqslant16$	5

②房间隔离物的影响。

有一些房间因使用需要,被轻质活动间隔、玻璃、书架、档案架、货架、柜式设备等分隔成若干空间。当各类分隔物的顶部至顶棚或梁的距离小于房间净高的5%时,会影响烟雾、热气流从一个空间向另一个空间扩散,这时应将每个被隔断的空间当成一个房间对待,即每一个隔断空间应装一个探测器。

③探测器的安装要求。

a. 探测区域内的每个房间至少应设置一只探测器。

b. 走道:当宽度小于3 m时,应居中安装。感烟探测器间距不超过15 m;感温探测器间距不超过10 m;在走道的交叉或汇合处宜安装一只探测器。

c. 电梯井、升降机井:探测器宜设置在井道上方的机房的顶棚上。

d. 楼梯间:每隔3~4层设置一只探测器,若被防火门、防火卷帘等隔开,则隔开部位应安装一只探测器,楼梯顶层应设置探测器。

e. 锅炉房:探测器安装要避开防爆门,远离炉口、燃烧口及燃烧填充口等。

f. 厨房:厨房内有烟气、蒸气、油烟等,感烟探测器易发生误报,不宜使用,使用感温探测器时要避开蒸气流等热源。

5. 手动报警按钮的设置

(1)手动火灾报警按钮的安装间距

每个防火分区应至少设置一只手动火灾报警按钮。从一个防火分区内的任何位置到最邻近的手动火灾报警按钮的步行距离不应大于30 m。

(2)手动火灾报警按钮的设置部位

①手动火灾报警按钮宜设置在疏散通道或出入口处。列车上设置的手动火灾报警按钮,应设置在每节车厢的出入口和中间部位。

②手动火灾报警按钮应设置在明显和便于操作的部位。当安装在墙上时,其底边距地高度宜为1.3~1.5 m,且应有明显的标志。

6.4.4　消防应急广播的设置

民用建筑内扬声器应设置在走道和大厅等公共场所。每个扬声器的额定功率不应小于3 W,其数量应能保证从一个防火分区内的任何部位到最近一个扬声器的直线距离不大于25 m,走道末端距最近的扬声器距离不应大于12.5 m;在环境噪声大于60 dB的场所设置的扬声器,在其播放范围内最远点的播放声压级应高于背景噪声15 dB;客房设置专用扬声器时,其功率不宜小于1.0 W。壁挂扬声器的底边距地面高度应大于2.2 m。

6.4.5　消防专用电话

消防专用电话网络应为独立的消防通信系统。消防控制室应设置消防专用电话总机。多线制消防专用电话系统中的每个电话分机应与总机单独连接。

电话分机或电话插孔的设置,应符合下列规定。

①消防水泵房、发电机房、配变电室、计算机网络机房、主要通风和空调机房、防排烟

机房、灭火控制系统操作装置处或控制室、企业消防站、消防值班室、总调度室、消防电梯机房及其他与消防联动控制有关且经常有人值班的机房均应设置消防专用电话分机。消防专用电话分机,应固定安装在明显且便于使用的部位,并应有区别于普通电话的标识。

②设有手动火灾报警按钮或消火栓按钮等处,宜设置电话插孔,并宜选择带有电话插孔的手动火灾报警按钮。

③各避难层应每隔 20 m 设置一个消防专用电话分机或电话插孔。

④电话插孔在墙上安装时,其底边距地面高度宜为 1.3~1.5 m。

⑤消防控制室、消防值班室或企业消防站等处,应设置可直接报警的外线电话。

6.4.6　消防电源及其配电系统

在火灾时为了保证消防控制系统能连续或不间断地工作,火灾自动报警系统应设有主电源和直流备用电源。

主电源应采用消防专用电源,消防电源是指在火灾时向消防用电设备供给电能的独立电源。当直流备用电源采用消防系统集中设置的蓄电池电源时,火灾报警控制器应采用单独的供电回路,并应保证在消防系统处于最大负载状态下不影响报警控制器的正常工作。

灾报警系统中的 CRT 显示器、消防通信设备等的电源,宜由 UPS 不间断电源装置供电,且系统的主电源的保护开关不应采用漏电保护开关。

消防用电设备如果完全依靠城市电网供给电能,火灾时一旦停电,则势必影响早期报警、安全疏散、自动和手动灭火操作,甚至造成极为严重的人身伤亡和财产损失。所以需保证火灾时消防设备的电源连续供给。

6.4.7　布线设计要求

火灾自动报警系统的布线包括供电线路、信号传输线路和控制线路,这些线路是火灾自动报警系统完成报警和控制功能的重要设施,特别是在火灾条件下,线路的可靠性是火灾自动报警系统能够保持长时间工作的先决条件。

1. 布线设计的一般规定

火灾自动报警系统的传输线路和 50 V 以下供电的控制线路,应采用电压等级不低于交流 300/500 V 的铜芯绝缘导线或铜芯电缆。采用交流 220/380 V 的供电和控制线路,应采用电压等级不低于交流 450/750 V 的铜芯绝缘导线或铜芯电缆。

火灾自动报警系统传输线路的线芯截面选择,除应满足自动报警装置技术条件的要求外,还应满足机械强度的要求。铜芯绝缘导线和铜芯电缆线芯的最小截面面积,不应小于表 6-10 的规定。

表 6-10　铜芯绝缘导线和铜芯电缆的线芯最小截面面积

序　　号	类　　别	线芯的最小截面面积/mm²
1	穿管敷设的绝缘导线	1.00
2	线槽内敷设的绝缘导线	0.75
3	多芯电缆	0.50

火灾自动报警系统的供电线路和传输线路设置在室外时,应埋地敷设。火灾自动报警系统的供电线路和传输线路设置在地(水)下隧道或湿度大于90%的场所时,线路及接线处应做防水处理。

采用无线通信方式的系统设计,应符合下列规定:

①无线通信模块的设置间距不应大于额定通信距离的75%;

②无线通信模块应设置在明显部位,且应有明显标识。

2. 室内布线设计

火灾自动报警系统的传输线路应采用金属管、可挠(金属)电气导管、B1级以上的刚性塑料管或封闭式线槽保护。火灾自动报警系统的供电线路、消防联动控制线路应采用耐火铜芯电线电缆,报警总线、消防应急广播和消防专用电话等传输线路应采用阻燃或阻燃耐火电线电缆。线路暗敷设时,宜采用金属管、可挠(金属)电气导管或B1级以上的刚性塑料管保护,并应敷设在不燃烧体的结构层内,且保护层厚度不宜小于30 mm;线路明敷设时,应采用金属管、可挠(金属)电气导管或金属封闭线槽保护。矿物绝缘类不燃性电缆可明敷。

火灾自动报警系统用的电缆竖井,宜与电力、照明用的低压配电线路电缆竖井分别设置。如受条件限制必须合用时,应将火灾自动报警系统用的电缆和电力、照明用的低压配电线路电缆分别布置在竖井的两侧。不同电压等级的线缆不应穿入同一根保护管内,当合用同一线槽时,线槽内应有隔板分隔。

采用穿管水平敷设时,除报警总线外,不同防火分区的线路不应穿入同一根管内。从接线盒、线槽等处引到探测器底座盒、控制设备盒、扬声器箱的线路,均应加金属保护管保护。

火灾探测器的传输线路,宜选择不同颜色的绝缘导线或电缆。正极"＋"线应为红色,负极"－"线应为蓝色或黑色。同一工程中相同用途导线的颜色应一致,接线端子应有标号。

6.4.8 消防控制室和系统接地

1. 消防控制室的设置

①消防控制室宜设置在建筑物的首层(或地下一层),门应向疏散方向开启,且入口处应设置明显的标志,并应设直通室外的安全出口。

②消防控制室周围不应布置电磁场干扰较强及其他影响消防控制设备工作的设备用房,不应将消防控制室设于厕所、锅炉房、浴室、汽车座、变压器室等的隔离壁和上、下层相对应的房间。

③有条件时宜设置在防火监控、广播、通信设施等用房附近,并适当考虑长期值班人员房间的朝向。

④消防控制室内严禁与其无关的电气线路及管路穿过。

⑤消防控制室的送、回风管在其穿墙处应设防火阀。

2. 消防控制室的设备布置

①设备面板前的操作距离:单列布置时不应小于1.5 m;双列布置时不应小于2 m。

②在值班人员经常工作的一面,控制屏(台)至墙的距离不应小于 3 m。

③控制屏(台)后维修距离不宜小于 1 m。

④控制屏(台)的排列长度大于 4 m 时,控制屏两端应设置宽度不小于 1 m 的通道。

⑤集中报警控制器安装在墙上时,其底边距地高度应为 1.3~1.5 m,靠近其门轴的侧面距墙不应小于 0.5 m,正面操作距离不应小于 1.2 m。

3. 系统接地

为保证火灾自动报警系统和消防设备正常工作,对系统接地规定如下。

①火灾自动报警系统应设专用接地干线,并应在消防控制室设置专用接地板。专用接地干线应从消防控制室专用接地板引至接地体。

②专用接地干线应采用铜芯绝缘导线,其线芯截面面积不应小于 25 mm^2。专用接地干线宜穿硬质塑料管埋设至接地体。

③由消防控制室接地板引至消防电子设备的专用接地线应选用铜芯绝缘导线,其线芯截面面积不应小于 4 mm^2。

④消防电子设备采用交流供电时,设备金属外壳和金属支架等应做保护接地,接地线应与保护接地干线(PE 线)相连接。

⑤火灾自动报警系统接地装置的接地电阻值应符合下列要求。

a. 采用共用接地装置时,接地电阻值不应大于 1 Ω;共用接地装置示意图如图 6-30 所示。

b. 采用专用接地装置时,接地电阻值不应大于 4 Ω;专用接地装置示意图如图 6-31 所示。

c. 对于接地装置是专用还是共用,要依新建工程的情况而定,一般尽量采用专用接地装置,若条件无法达到亦可采用共用接地装置。

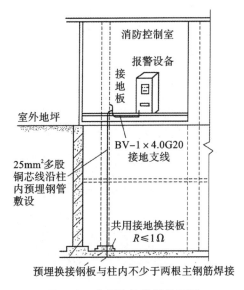

图 6-30 共用接地装置示意图

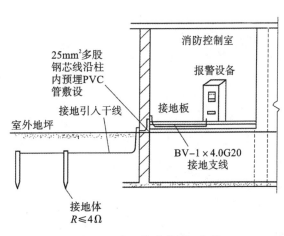

图 6-31 专用接地装置示意图

思 考 题

1. 简述火灾自动报警系统的定义及功能。
2. 消防控制室的控制设备应有哪些控制功能和显示功能？
3. 火灾探测器的选择应符合哪些要求？
4. 点型火灾探测器在宽度小于 3 m 的内走道顶棚上设置时应符合哪些要求？
5. 火灾探测区域的划分应符合哪些要求？
6. 试述排烟系统的联动要求。
7. 试述对排烟风管的材质和风速的要求。
8. 试述排烟防火阀的动作原理。

第7章 防火案例分析及设计实例

7.1 建筑防火案例分析

7.1.1 案例1——体育馆建筑防火案例分析

1. 情景描述

为承办全省高校运动会，某高校新建一栋体育馆，由主体建筑（比赛馆）和附属建筑（训练馆）两部分组成，建筑高度 23 m，总建筑面积 17000 m²，采用框架及大跨度钢屋架结构体系，耐火等级二级。比赛馆为单层大空间建筑，可容纳观众席 4446 个，其中固定席 3514 个，活动席 932 个；其比赛场地共设有 8 个疏散门（净宽均为 2.20 m），其中两个疏散门与比赛馆直通室外的门厅连通，6 个疏散门与附属建筑的疏散走道连通；其观众厅共设有 12 个疏散门（净宽均为 2.20 m），其中 6 个疏散门与比赛馆直通室外的门厅连通，6 个疏散门与附属建筑地上一层屋顶室外平台连通；比赛场地和观众厅内任何一点到达疏散出口的距离均不超过 30 m。训练馆地上 2 层（局部 1 层），内设有篮球、游泳、乒乓球、健身等训练用房，设有两部敞开疏散楼梯间（楼梯净宽均为 1.40 m）。该体育馆共设有 6 个防火分区，其中最大一个防火分区（使用功能为比赛场地及观众厅）的建筑面积为 5000 m²，每个防火分区均至少设有两个安全出口。该体育馆按有关国家工程建设消防技术标准配置了自动喷水灭火系统等消防设施及器材。

2. 分析要点

根据使用用途，分析情景描述中体育馆的体育建筑等级，并分析该体育馆的耐火等级，以及消防车道、防火分区、安全疏散和室内装修等按照相关国家工程建设技术标准的规定，应采取哪些建筑防火技术措施。

3. 关键知识点及依据

（1）体育建筑等级和耐火等级

体育建筑是指作为体育竞技、体育教学、体育娱乐和体育锻炼等活动使用的建筑物。体育馆是指配备有专门设备而供能够进行球类、室内田径、冰上运动、体操（技巧）、武术、拳击、击剑、举重、摔跤、柔道等单项或多项室内竞技比赛和训练的体育建筑，主要由比赛和练习场地、看台和辅助用房及设施组成。体育馆根据比赛场地的功能可分为综合体育馆和专项体育馆,不设观众看台及相应用房的体育馆也可称训练房。

体育建筑等级分为特级、甲级、乙级、丙级四级;除特级体育建筑的耐火等级应为一级外,其他体育建筑的耐火等级均不应低于二级。情景描述中体育馆的主要用途为举办地区性比赛,根据《体育建筑设计规范》规定,该体育馆的建筑等级应为乙级,其耐火等级不应低于二级。

（2）消防车道

该体育馆的消防车道设置应符合以下要求。

①根据《体育建筑设计规范》规定,体育建筑周围消防车道应环通;当因各种原因消防车不能按规定靠近建筑物时,应采取下列措施之一满足对火灾扑救的需要:

a. 消防车在平台下部空间靠近建筑主体;

b. 消防车直接开入建筑内部;

c. 消防车到达平台上部以接近建筑主体;

d. 平台上部设消火栓。

②根据《建筑设计防火规范》(GB 50016—2014)规定,超过 3000 个座位的体育馆宜设置环形消防车道。消防车道的净宽度和净空高度均不应小于 4 m。供消防车停留的空地,其坡度不宜大于 3%。消防车道与民用建筑之间不应设置妨碍消防车作业的障碍物。环形消防车道至少应有两处与其他车道连通。尽头式消防车道应设置回车道或回车场,回车场的尺寸不应小于 12 m×12 m;供大型消防车使用时,不宜小于 18 m×18 m。消防车道路面、扑救作业场地及其下面的管道和暗沟等应能承受大型消防车的压力。消防车道可利用交通道路,但应满足消防车通行与停靠的要求。

（3）防火分区

根据《体育建筑设计规范》《建筑设计防火规范》的规定,该体育馆的防火分区划分应符合以下要求。

①体育建筑的防火分区,尤其是比赛大厅、训练厅和观众休息厅等大空间处应结合建筑布局、功能分区和使用要求加以划分。

②体育馆的比赛场地和观众看台之间无法进行分隔,因此可以作为一个防火分区考虑,而观众休息厅和周边赛事用房可作为另一个防火分区考虑,这样既考虑了体育建筑空间的特殊性,又可以避免观众厅防火分区面积的无限扩大。

③一、二级耐火等级体育馆地上建筑防火分区的最大允许建筑面积为 2500 m²;建筑内设置自动灭火系统时,该防火分区的最大允许建筑面积可按上述规定增加 1 倍;局部设置时,增加面积可按该局部面积的 1 倍计算。体育馆观众厅的防火分区最大允许建筑面积可适当放宽。

（4）安全疏散

根据《体育建筑设计规范》《建筑设计防火规范》的规定,该体育馆的安全疏散应符合以下要求。

①体育馆的观众厅,其疏散门的数量应经计算确定,且不应少于 2 个,每个疏散门的平均疏散人数不宜超过 700 人。

②人员密集的公共场所、观众厅的疏散门不应设置门槛,其净宽度不应小于 1.40 m,且紧靠门口内外各 1.40 m 范围内不应设置踏步。

③体育馆的疏散走道、疏散楼梯、疏散门、安全出口的各自总宽度,应根据其通过人数和疏散净宽度指标计算确定,并应符合下列规定。

a.体育馆观众厅内疏散走道的净宽度应按每 100 人不小于 0.60 m 的净宽度计算,且不应小于 1 m;边走道的净宽度不宜小于 0.80 m。在布置疏散走道时,横走道之间的座位排数不宜超过 20 排。纵走道之间的座位数:每排不宜超过 26 个;前后排座椅的排距不小于 0.90 m 时,可增加 1 倍,但不得超过 50 个;仅一侧有纵走道时,座位数应减少一半。

b.体育馆观众厅外疏散走道的净宽度不应小于 1.10 m。

c.有等场需要的入场门不应作为观众厅的疏散门。

d.体育馆供观众疏散的所有内门、外门、楼梯和走道的各自总宽度,应按表 7-1 的规定计算确定。

表 7-1　体育馆每 100 人所需最小疏散净宽度(m)

观众厅座位数档次/座		3000～5000	5001～10000	10001～20000
疏散部位	门和走道　平坡地面	0.43	0.37	0.32
	门和走道　阶梯地面	0.50	0.43	0.37
	楼梯	0.50	0.43	0.37

注:表中较大座位数档次按规定计算的疏散总宽度,不应小于相邻较小座位数档次按其最多座位数计算的疏散总宽度。

e.疏散楼梯的踏步深度不应小于 0.28 m,踏步高度不应大于 0.16 m,楼梯最小宽度不得小于 1.20 m,转折楼梯平台深度不应小于楼梯宽度,直跑楼梯的中间平台深度不应小于 1.20 m。

f.疏散用门应采用平开门,不应采用推拉门、卷帘门、吊门、转门。人员密集场所平时需要控制人员随意出入的疏散用门,应保证火灾时不需使用钥匙等任何工具即能从内部易于打开,并应在显著位置设置标识和使用提示。

g.疏散用楼梯和疏散通道上的阶梯不宜采用螺旋楼梯和扇形踏步。当必须采用时,踏步上下两级所形成的平面角度不应大于 10°,且每级离扶手 25 cm 处的踏步深度不应小于 22 cm。

（5）室内装修

根据《体育建筑设计规范》(JGJ 31—2003)的规定,体育馆比赛、训练部位的室内墙面和顶棚装修(包括吸声、隔热和保温处理),应采用不燃烧体材料。当此场所内设有自动灭火系统和火灾自动报警系统时,室内墙面和顶棚装修可采用难燃烧体材料。固定座位应采用烟密度指数 50 以下的难燃材料制作,地面可采用不低于难燃等级的材料制作。

思考题一

7.1.2　案例 2——超高层办公楼防火案例分析

1. 情景描述

某市一栋地标性办公楼地上 108 层、地下 7 层,建筑高度为 428 m,总建筑面积为

437000 m²,耐火等级一级,屋顶设有直升机停机坪,共设置 8 个避难层,避难层相关信息如图 7-1 所示。该办公楼每层的每个防火分区均分别设置一台消防电梯。该办公楼按现行有关国家工程建设消防技术标准配置了室内外消火栓给水系统、自动喷水灭火系统和火灾自动报警系统等消防设施及器材。

2. 分析要点

在对情景描述中办公楼的建筑分类、耐火等级、防火间距进行分析的前提下,根据相关国家工程建设消防技术标准的规定,重点分析该办公楼避难层设置的楼层、位置及面积,通向避难层疏散楼梯的设置,作为灭火救援设施的消防车道、救援场地和入口、直升机停机坪的设置等建筑防火技术措施。

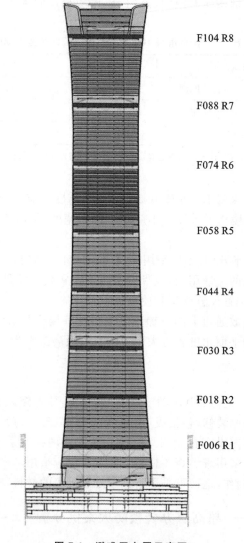

图 7-1 避难层布置示意图

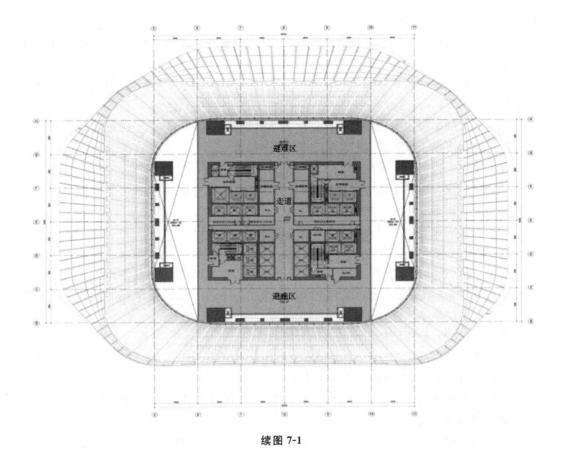

续图 7-1

3. 关键知识点及依据

（1）建筑分类

民用建筑根据其建筑高度和层数可分为单、多层民用建筑和高层民用建筑。高层民用建筑根据其建筑高度、使用功能和楼层的建筑面积可分为一类和二类。

该办公楼属于建筑高度大于 50 m 的公共建筑，根据《建筑设计防火规范》（GB 50016—2014），该办公楼建筑应为一类高层公共建筑。对于建筑高度大于 250 m 的建筑，除应符合《建筑设计防火规范》（GB 50016—2014）的要求外，尚应结合实际情况采取更加严格的防火措施，其防火设计应提交国家消防主管部门组织专题研究、论证。

（2）耐火等级

①地下或半地下建筑（室）和一类高层建筑的耐火等级不应低于一级。一级耐火等级建筑相应构件的燃烧性能和耐火极限不应低于一级建筑耐火等级表中的规定。

②建筑高度大于 100 m 的民用建筑，其楼板的耐火极限不应低于 2.00 h。

（3）防火间距

建筑高度大于 100 m 的民用建筑与相邻其他民用建筑之间的防火间距不应小于相关规范中的规定，且任何情况下均不能减小。

（4）避难层

避难层是发生火灾时人员逃避火灾威胁的安全场所，根据《建筑设计防火规范》，该塔楼应设置避难层(间),其设置楼层、高度和位置应符合下列规定。

①避难层的设置,自高层民用建筑首层至第一个避难层或两个避难层之间,不宜超过15层。

②通向避难层的防烟楼梯应在避难层分隔、同层错位或上下层断开,但人员均必须经避难层方能上下。

③避难层的净面积应能满足设计避难人员避难的要求,并宜按 5 人/m^2 计算。

④避难层可兼作设备层,但设备管道宜集中布置。

⑤避难层应设消防电梯出口。

⑥避难层应设消防专线电话,并应设有消火栓和消防卷盘。

⑦封闭式避难层应设独立的防烟设施。

⑧避难层应设有应急广播和应急照明,其供电时间不应小于 1 h,照度不应低于 1lx。

(5) 消防电梯

根据《建筑设计防火规范》的规定,该塔楼应设消防电梯,地下七层至地上十七层消防电梯的设置数量不应少于 3 台,地上十八层至地上一百零八层消防电梯的设置数量不应少于 2 台。消防电梯的设置位置及其安全性应符合下列规定。

①消防电梯宜分别设在不同的防火分区内。

②消防电梯间应设前室,公共建筑中的前室面积不应小于 6 m^2。当与防烟楼梯间合用前室时,其面积在公共建筑中不应小于 10 m^2。

③消防电梯间前室宜靠外墙设置,在首层应设直通室外的出口或经过长度不超过30 m 的通道通向室外。

④消防电梯间前室的门,应采用乙级防火门或具有停滞功能的防火卷帘。

⑤消防电梯的载重量不应小于 800 kg。

⑥消防电梯井、机房与相邻其他电梯井、机房之间,应采用耐火极限不低于 2.00 h 的隔墙隔开,当在隔墙上开门时,应设甲级防火门。

⑦消防电梯的行驶速度,应按从首层到顶层的运行时间不超过 60 s 计算确定。

⑧消防电梯轿厢的内装修应采用不燃烧材料;动力与控制电缆、电线应采取防水措施。

⑨消防电梯轿厢内应设专用电话;并应在首层设供消防队员专用的操作按钮。

⑩消防电梯间前室门口宜设挡水设施。消防电梯的井底应设排水设施,排水井容量不应小于 2 m^3,排水泵的排水量不应小于 10 L/s。

(6) 屋顶直升机停机坪

当建筑某楼层着火导致人员难以向下疏散时,往往需到达上一避难层或屋面等待救援。在超高层建筑的屋面设置屋顶直升机停机坪,可便于直升机从建筑顶部实施救援,是一种可行的救生措施。根据《建筑设计防火规范》,该塔楼宜设置屋顶直升机停机坪或供直升机救助的设施,并应符合下列规定。

①设在屋顶平台上的停机坪,距设备机房、电梯机房、水箱间、共用天线等凸出物的距离,不应小于 5 m。

②出口不应少于两个,每个出口宽度不宜小于 0.90 m。

③在停机坪的适当位置应设置消火栓。

④停机坪四周应设置航空障碍灯,并应设置应急照明。

(7) 消防车道

该办公楼应根据建筑规模及其总体布局情况、当地消防车辆配置和预期发展情况,合理确定消防车道的设置形式以及消防车道的净宽、净高、坡度、转弯半径和承载能力等,保证利用消防车道实施灭火救援的有效性和可接近性。

根据《建筑设计防火规范》(GB 50016—2014),该办公楼应设置环形消防车道;确有困难时,应沿建筑物的两个长边设置消防车道。消防车道的净宽度和净空高度均不应小于 4 m。消防车道的转弯半径应满足消防车转弯的要求,普通消防车的转弯半径通常为 9 m,登高消防车的转弯半径通常为 12 m,特种消防车的转弯半径通常为 16~20 m。消防车道与建筑之间不应设置妨碍消防车操作的树木、架空管线等障碍物。消防车道靠建筑外墙一侧的边缘距离建筑外墙不宜小于 5 m。消防车道的坡度不宜大于 8%。环形消防车道至少应有两处与其他车道连通。尽头式消防车道应设置回车道或回车场,回车场的尺寸不应小于 15 m×15 m;供重型消防车使用时,不宜小于 18 m×18 m。消防车道的路面及其下面的管道和暗沟等应能承受重型消防车的压力。消防车道可利用城乡道路等,但该道路应满足消防车通行、转弯和停靠的要求。

(8) 消防救援场地和入口

①高层建筑应至少沿一条长边或周边长度的 1/4 且不小于一个长边长度的底边连续布置消防车登高操作场地,该范围内的裙房进深不应大于 4 m。建筑高度不大于 50 m 的建筑,连续布置消防车登高操作场地有困难时,可间隔布置,但间隔距离不宜大于 30 m,且消防车登高操作场地的总长度仍应符合上述规定。

②消防车登高操作场地应符合下列规定:

a. 场地与民用建筑之间不应设置妨碍消防车操作的树木、架空管线等障碍物和车库出入口;

b. 场地的长度和宽度分别不应小于 15 m 和 8 m。对于建筑高度不小于 50 m 的建筑,场地的长度和宽度均不应小于 15 m;

c. 场地及其下面的建筑结构、管道和暗沟等,应能承受重型消防车的压力;

d. 场地应与消防车道连通,场地靠建筑外墙一侧的边缘距离建筑外墙不宜小于 5 m,且不应大于 10 m,场地的坡度不宜大于 3%。

③建筑物与消防车登高操作场地相对应的范围内,应设置直通室外的楼梯或直通楼梯间的入口。

④公共建筑的外墙应在每层的适当位置设置可供消防救援人员进入的窗口。窗口的净高度和净宽度分别不应小于 0.8 m 和 1.0 m,下沿距室内地面不宜大于 1.2 m,间距不宜大于 20 m 且每个防火分区不应少于 2 个,设置位置应与消防车登高操作场地相对应。窗口的玻璃应易于破碎,并应设置可在室外识别的明显标志。

4. 注意事项

(1) 当高层建筑的建筑高度超过 250 m 时,建筑设计采取的特殊的防火措施,应提交国家消防主管部门组织专题研究、论证。

（2）重要的办公楼是指性质重要，建筑装修标准高，设备、资料贵重，火灾危险性大、发生火灾后损失大、影响大的办公楼。

（3）避难层顶棚、墙面、地面均应采用 A 级装修材料。

思考题二

（4）一类高层公共建筑、高度超过 32 m 的其他二类高层公共建筑、高层塔式住宅、十二层及十二层以上的高层单元式住宅和高层通廊式住宅应设消防电梯。高层建筑消防电梯的设置数量应符合下列规定：当每层建筑面积不大于 1500 m² 时，应设 1 台；当大于 1500 m² 但不大于 4500 m² 时，应设 2 台；当大于 4500 m² 时，应设 3 台；消防电梯可与客梯或工作电梯兼用，但应符合消防电梯的要求。

7.1.3 案例 3——高层旅馆建筑防火案例分析

1. 情景描述

某市一栋塔式三星级宾馆，地上 13 层，地下 2 层，建筑高度 52 m，框架剪力墙结构，耐火等级一级，设有集中空气调节系统，每层建筑面积均为 4000 m²，总建筑面积 60000 m²，地下二层主要为消防泵房、柴油发电机房、配电室和通风、空调机房等设备用房和汽车库，地下一层主要为汽车库和办公室，首层主要为消防控制室、接待大厅、咖啡厅和餐厅的宴会厅（容纳人数上限均为 280 人），地上二层主要为健身房和餐厅的包房（容纳人数上限均为 250 人），地上三层主要为办公室和会议室（容纳人数上限均为 200 人），地上四层至地上十三层主要客房（各层容纳人数上限均为 300 人，如图 7-2 所示）。该宾馆各层均划分为两个防火分区，每个防火分区均设有两部上下直通的防烟楼梯间。该宾馆按有关国家工程建设消防技术标准配置了消防设施及器材。

2. 案例说明

本案例主要分析下列内容：

①建筑分类；

②安全疏散。

3. 关键知识点及依据

（1）建筑分类

情景描述中该宾馆为建筑高度超过 50 m 的旅馆。根据《建筑设计防火规范》，该宾馆的建筑应为一类高层公共建筑。

（2）安全疏散

应根据建筑的高度、规模、使用功能和耐火等级等因素合理设置安全疏散措施。安全出口、疏散门的位置、数量和宽度，安全出口和疏散楼梯的形式，疏散门开启方向，疏散距离和疏散走道的宽度应满足人员安全疏散的要求。根据《建筑设计防火规范》，该宾馆的安全疏散应符合下列规定。

①每个防火分区的安全出口不应少于两个。地下室当有两个或两个以上防火分区，且相邻防火分区之间的防火墙上设有防火门时，每个防火分区可分别设一个直通室外的安全出口。

②安全出口应分散布置，两个安全出口之间的距离不应小于 5 m。

③位于两个安全出口之间的房间门至最近的外部出口或楼梯间的最大距离为 30 m，

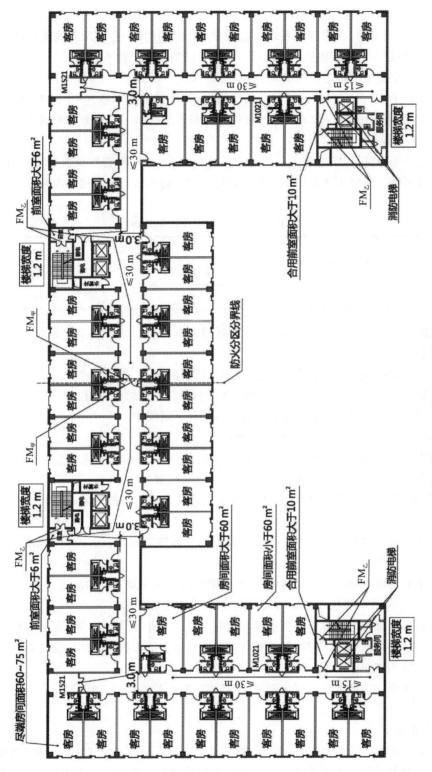

图 7-2　客房标准层建筑平面图

位于袋形走道两侧或尽端的房间门至最近的外部出口或楼梯间的最大距离为 15 m。

④会议室、健身房、咖啡厅和餐厅的宴会厅,其室内任何一点至最近的疏散出口的直线距离,不宜超过 30 m;其他房间内最远一点至房门的直线距离不宜超过 15 m。

⑤位于两个安全出口之间的房间,当其建筑面积不超过 60 m² 时,可设置一个门,门的净宽不应小于 0.90 m;位于走道尽端的房间,当其建筑面积不超过 75 m² 时,可设置一个门,门的净宽不应小于 1.40 m。地下室房间面积不超过 50 m²,且经常停留人数不超过 15 人的房间,可设一个门。

⑥内走道的净宽,应按通过人数每 100 人不小于 1 m 计算;首层疏散外门的总宽度,应按人数最多的一层每 100 人不小于 1 m 计算。首层疏散外门和走道的净宽不应小于表 7-2 的规定。

表 7-2　首层疏散外门和走道的净宽(m)

宾　　馆	每个外门的净宽	走　道　净　宽	
		单面布房	双面布房
	1.20	1.30	1.40

⑦疏散楼梯间及其前室的门的净宽应按通过人数每 100 人不小于 1 m 计算,但最小净宽不应小于 0.90 m。

⑧公共疏散门均应向疏散方向开启,且不应采用侧拉门、吊门和转门。

⑨直通室外的安全出口上方,应设置宽度不小于 1 m 的防火挑檐。

⑩应设防烟楼梯间。防烟楼梯间的设置应符合下列规定:

a.楼梯间入口处应设前室、阳台或凹廊;

b.前室的面积不应小于 6 m²,与消防电梯间合用前室的面积不应小于 10 m²;

c.前室和楼梯间的门均应为乙级防火门,并应向疏散方向开启;

d.楼梯间及防烟前室的内墙上,除开设通向公共走道的疏散门外,不应开设其他门、窗、洞口;

e.楼梯间及防烟楼梯间前室内不应敷设可燃气体管道和甲、乙、丙类液体管道,并不应有影响疏散的凸出物。

⑪地下室与地上层的共用楼梯间,应在首层与地下或半地下层的出入口处,设置耐火极限不低于 2.00 h 的隔墙和乙级防火门隔开,并应有明显标志。

⑫每层疏散楼梯总宽度应按其通过人数每 100 人不小于 1 m 计算,各层人数不相等时,其总宽度可分段计算,下层疏散楼梯总宽度应按其上层人数最多的一层计算。疏散楼梯的最小净宽不应小于 1.20 m。

⑬通向屋顶的疏散楼梯不宜少于两座,且不应穿越其他房间,通向屋顶的门应向屋顶方向开启。

4. 注意事项

(1)室外楼梯可作为辅助的防烟楼梯,其最小净宽不应小于 0.90 m。当倾斜角度不大于 45°,栏杆扶手的高度不小于 1.10 m 时,室外楼梯宽度可计入疏散楼梯总宽度内。室外楼梯和每层出口处平台,应采用不燃材料制作。平台的耐火极限不应低于 1.00 h。在楼梯周围 2 m 内的墙面上,除设疏散门外,不应开设其他门、窗、洞口。疏散门应采用乙级防火门且不应正对梯段。

（2）疏散楼梯和走道上的阶梯不应采用螺旋楼梯和扇形踏步,但踏步上下两级所形成的平面角不超过 10°,且每级离扶手 0.25 m 处的踏步宽度超过 0.22 m 时,可不受此限。

（3）安全出口是指保证人员安全疏散的楼梯或直通室外地平面的出口。

7.2　设　计　实　例

本工程为某集团公司办公楼,总建筑面积 13470.0 m²,建筑高度 33.6 m,地下一层为汽车库和设备房,停车 53 辆,属三类汽车库;地上 8 层,首层为生产经营房,二至七层为办公用房,八层为展览用房。该工程设有一部消防电梯,两部防烟楼梯间,每层为一个防火分区,三层以上中庭处每层设特级防火卷帘,属二类高层建筑,火灾自动报警系统保护等级为二级,采用集中报警控制系统。

本工程首层设消防控制室,内设联动型火灾报警控制器、UPS 消防电源、消防对讲电话系统、消防广播控制系统、图文显示及打印系统。在各楼层设楼层显示器,火灾时显示着火部位。图 7-3 为本工程火灾自动报警系统图。

本工程设计内容如下。

①系统组成:火灾自动报警系统;消防联动控制系统;火灾应急广播系统;消防直通对讲电话系统;应急照明控制系统。

②消防控制室。

a.本工程消防控制室设在首层,并设有直接通往室外的出口。

b.消防控制室的报警控制设备由火灾报警控制主机、联动控制台、显示器、打印机、应急广播设备、消防直通对讲电话设备、电梯监控盘和电源设备等组成。

c.消防控制室可接收感烟、感温等探测器的火灾报警信号及水流指示器、检修阀、压力报警阀、手动报警按钮、消火栓按钮的动作信号。

d.消防控制室可显示消防水池、消防水箱水位,显示消防水泵的电源及运行状况。

e.消防控制室可联动控制所有与消防有关的设备。

③火灾自动报警系统。

a.本工程采用集中报警控制系统。消防自动报警系统按两总线设计。

b.探测器:车库设置感温探测器,其他场所设置感烟探测器。

c.探测器与灯具的水平净距应大于 0.2 m;与送风口边的水平净距应大于 1.5 m;与多孔送风顶棚孔口或条形送风口的水平净距应大于 0.5 m;与嵌入式扬声器的净距应大于 0.1 m;与自动喷水头的净距应大于 0.3 m;与墙或其他遮挡物的距离应大于 0.5 m。

d.在本楼适当位置设手动报警按钮及消防对讲电话插孔。手动报警按钮及对讲电话插孔底距地 1.4 m。

建筑消防技术

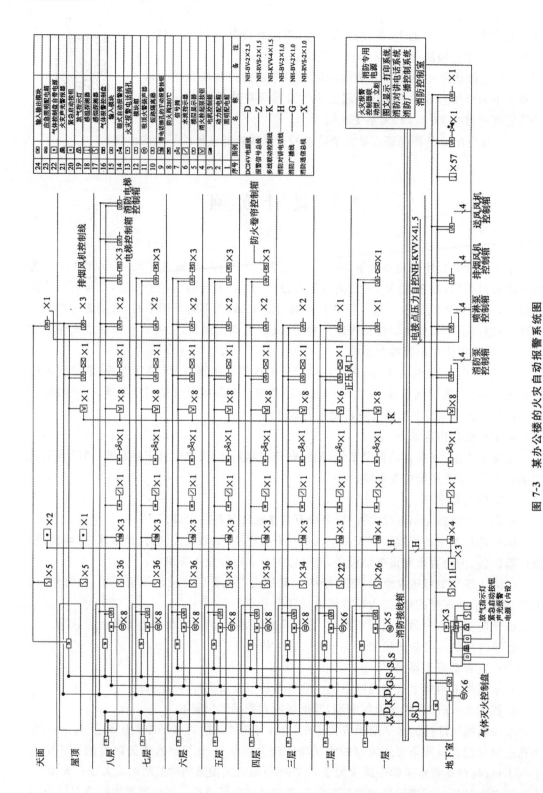

图 7-3 某办公楼的火灾自动报警系统图

200

e.在消火栓箱内设消火栓报警按钮。接线盒设在消火栓的开门侧。

④消防联动控制。

火灾报警后,消防控制室应根据火灾情况控制相关层的正压送风阀及排烟阀、电动防火阀,并启动相应加压送风机、排烟风机,排烟阀 280 ℃熔断关闭,防火阀 70 ℃熔断关闭,阀门、风机的动作信号要反馈至消防控制室。在消防控制室,对消火栓泵、自动喷洒泵、加压送风机、排烟风机等,既可通过现场模块进行自动控制,也可在联动控制台上通过手动控制,并接收其反馈信号。

⑤气体灭火系统:气体灭火系统的控制,要求同时具有自动控制、手动控制和应急操作三种控制方式。

⑥消防直通对讲电话系统。

在消防控制室内设置消防直通对讲电话总机,除在各层的手动报警按钮处设置消防直通对讲电话插孔外,在变配电室、消防水泵房、备用发电机房、消防电梯轿厢、电梯机房、防排烟机房等处设置消防直通对讲电话分机或专用对讲机。

⑦火灾应急广播系统。

a.主机应对系统主机及扬声器回路的状态进行不间断监测及自检。

b.火灾应急广播系统应设置备用扩音机,且其容量为火灾应急广播容量的 1.5 倍。

c.系统应具备隔离功能,某一个回路扬声器发生短路,应自动从主机上断开,以保证功放及控制设备的安全。

d.系统采用 100 V 定压输出方式。要求从功放设备的输出端至线路上最远的用户扬声器的线路损耗不大于 1 dB。

e.公共场所扬声器安装功率为 3 W,扬声器安装分为嵌入式(吊顶场所)和吸顶式(非吊顶场所)。

⑧电源及接地。

a.所有消防用电设备均采用双路电源供电并在末端设自动切换装置。消防控制室设备还要求设置蓄电池作为备用电源,此电源设备由设备承包商负责提供。

b.消防系统接地利用大楼综合接地装置作为其接地极,设独立引下线,引下线采用 BV-1×35 mm-PC40,要求其综合接地电阻小于 1 Ω。

⑨消防系统线路敷设要求。

a.平面图中所有火灾自动报警线路及 50 V 以下的供电线路、控制线路穿镀锌钢管,暗敷在楼板或墙内。由顶板接线盒至消防设备一段线路穿金属耐火(阻燃)波纹管。其所用线槽均为防火线槽,耐火极限不低于 1.00 h。若不敷设在线槽内,明敷管线应做防火处理。

b.火灾自动报警系统的每个回路地址编码总数应留 15%～20% 的余量。

c.就地模块箱应在吊顶内明装,距顶板不小于 0.2 m。

⑩系统的成套设备,包括报警控制器、联动控制台、CRT 显示器、打印机、应急广播、消防专用电话总机、对讲录音电话及电源设备等均由承包商成套供货,并负责安装、调试。

参 考 文 献

[1] 李亚峰,马学文,余海静,等.建筑消防工程[M].北京:机械工业出版社,2013.

[2] 王建玉.消防报警及联动控制系统的安装与维护[M].北京:机械工业出版社,2013.

[3] 李天荣,龙莉莉,陈金华.建筑消防设备工程[M].4 版.重庆:重庆大学出版社,2019.

[4] 徐鹤生,周广连.建筑消防系统[M].北京:高等教育出版社,2010.

[5] 王三优,金湖庭.建筑消防系统的设计安装与调试[M].北京:电子工业出版社,2012.

[6] 许秦坤.建筑消防工程[M].北京:化学工业出版社,2014.

[7] 程琼,陈晴.智能建筑消防系统[M].北京:电子工业出版社,2018.

[8] 韩磊.建筑电气工程消防[M].北京:清华大学出版社,2015.

[9] 方正,谢晓晴.消防给水排水工程[M].北京:机械工业出版社,2013.

[10] 胡林芳,郭福雁.建筑消防工程设计[M].哈尔滨:哈尔滨工程大学出版社,2017.

[11] 孙景芝.电气消防技术[M].3 版.北京:中国建筑工业出版社,2015.

[12] 张凤娥.消防应用技术[M].2 版.北京:中国石化出版社,2016.

[13] 方正.建筑消防理论与应用[M].北京:中国石化出版社,2016.

[14] 高素美,鞠全勇.消防系统工程与应用[M].北京:中国水利水电出版社,2021.

[15] 侯文宝,李德路,张刚.建筑电气消防技术[M].镇江:江苏大学出版社,2021.

[16] 杜明.消防工程施工技术[M].北京:化学工业出版社,2016.

[17] 陶昆.建筑消防安全[M].北京:机械工业出版社,2019.

[18] 魏星,杜王新.火灾自动报警及消防联动控制系统运行与管理[M].北京:机械工业出版社,2019.